Joseph F. Gokcezade | Barbara-Amina Gereben-Krenn | Johann Neumayer

Feldbestimmungsschlüssel für die Hummeln Deutschlands, Österreichs und der Schweiz

Joseph F. Gokcezade
Barbara-Amina Gereben-Krenn
Johann Neumayer

Feldbestimmungsschlüssel für die Hummeln
Deutschlands, Österreichs und der Schweiz

3., durchgesehene Auflage

Quelle & Meyer Verlag Wiebelsheim

Mag. Joseph F. Gokcezade
Seegasse 20/38
1090 Wien
Österreich
E-Mail: suppengruen4000@gmail.com

Dr. Barbara-Amina Gereben-Krenn
Department für Integrative Zoologie
Universität Wien
Djerassiplatz 1
1030 Wien
Österreich

MMag. Dr. Johann Neumayer
Obergrubstraße 18
5161 Elixhausen, Österreich

Bibliografische Information der Deutschen Nationalbibliothek
Die Deutsche Nationalbibliothek verzeichnet diese Publikation in der Deutschen Nationalbibliografie; detaillierte bibliografische Daten sind im Internet über http://dnb.dnb.de abrufbar.

3., durchgesehene Auflage

www.quelle-meyer.de

Umschlagabbildungen: *B. sylvarum*, *B. jonellus*, *B. lucorum*: Frank Hecker; *B. humilis*: Wolfgang Willner; *B. pascuorum*: Dr. Helmut Jaschhof
Druck und Verarbeitung: Plump Druck & Medien GmbH
Printed in Germany/Imprimé en Allemagne
ISBN 978-3-494-01958-1

Inhaltsverzeichnis

Einleitung

Hummeln (*Bombus* LATREILLE 1802) zählen neben Schmetterlingen und der Honigbiene *Apis mellifera* zu den bekanntesten heimischen Blütenbesuchern und gehören der einzigen Wildbienengattung an, die auch oft von Laien erkannt wird. Vielen ist jedoch nicht bekannt, dass sich hinter dem Begriff „Hummel" nicht nur eine, sondern eine Vielzahl an Arten verbirgt. In Deutschland, Österreich und der Schweiz sind mit insgesamt 47 Spezies inkl. Kuckuckshummeln (Tab. 1) zirka ein Fünftel der weltweit beschriebenen 239 Hummelarten nachgewiesen (WILLIAMS 1998). Rezent können jedoch nur noch 43 Arten gefunden werden. Die früher in Deutschland vorkommende *B. cullumanus* sowie *B. armeniacus*, *B. fragrans* und *B. laesus*, die im Osten Österreichs nachgewiesen sind, gelten in diesen Gebieten heute leider als ausgestorben.
Bei der vorliegenden Arbeit handelt es sich um eine Überarbeitung unseres Feldbestimmungsschlüssels, der in den Linzer biologischen Beiträgen erschienen ist (GOKCEZADE et al. 2010). Die Texte und Bestimmungsteile entsprechen weitgehend der damaligen Fassung. An einigen Stellen mussten jedoch kleinere Unstimmigkeiten beseitigt werden, an anderen war es nötig, neue Erkenntnisse einzuarbeiten. Besonders hervorzuheben ist in diesem Zusammenhang die für Bestimmer praktische Zusammenlegung zweier kaum unterscheidbarer Kuckuckshummelarten zu einer: Molekularen Befunden zufolge können *B. barbutellus* und *B. maxillosus* nicht mehr als zwei getrennte Arten betrachtet werden (LECOCQ et al. 2011). In diesem Schlüssel ist daher nur noch *B. barbutellus* zu finden.
Wie schon die erste Veröffentlichung des Feldbestimmungsschlüssels für die heimischen Hummeln hat sich auch diese überarbeitete zum Ziel genommen, die Bestimmung lebender Individuen der Gattung *Bombus* im Feld zu einem hohen Prozentsatz zu ermöglichen. Da hauptsächlich die Färbung der Behaarung als Merkmal herangezogen wird, ist kein Abtöten der Tiere notwendig. Morphologische Merkmale, die zur Unterscheidung ähnlich gefärbter Arten angegeben werden, können mit etwas Übung auch mittels Lupe am lebendigen Tier erkannt werden. Dadurch soll es nicht nur Biologen, sondern allen interessierten Personen ermöglicht werden, diese faszinierenden Insekten kennen zu lernen und größtenteils sicher zu bestimmen.

Biologie und Systematik

Die hier gemachten Angaben zur Biologie stellen nur einen kurzen, stark vereinfachten Abriss dar und sollen Neulingen auf dem Gebiet der Wildbienen ein Grundverständnis für den Jahreszyklus einer Hummelkolonie vermitteln (ausführlich nachzulesen z. B. in HEINRICH (2001) und VON HAGEN & AICHHORN (2014))

– nicht zuletzt, weil sich daraus einige hilfreiche Informationen für die Bestimmung ableiten lassen.

Entsprechend ihrem Sozialverhalten und den damit verbundenen morphologischen Anpassungen können Hummeln in zwei Gruppen unterteilt werden: die sozialen Hummeln und die sozialparasitischen Kuckuckshummeln.

Erstere bilden einjährige primitiv eusoziale Staaten. Die Gründung erfolgt im Frühjahr durch eine einzelne befruchtete Königin, die ihr Winterquartier verlässt und sich auf Nestsuche begibt. Hat sie eine passende Behausung gefunden (je nach Art und Angebot: Mäusenest, Baumhöhle oder Vogelnistkasten mit Nistmaterial, Moospolster oder Grasbüschel, usw.), trägt sie Pollen und Nektar ein und zieht eine erste Arbeiterinnengeneration auf. Während im weiteren Verlauf das Nest ständig erweitert wird und die Individuenanzahl zunimmt, ist die Königin nur noch für die Eiablage zuständig. Alle übrigen Aufgaben (Versorgung der Larven und der Königin, Sammeln von Pollen und Nektar, usw.) werden von ihren Töchtern, den Arbeiterinnen, erledigt. Im Sommer, wenn das Volk eine gewisse Größe erreicht hat, werden die Geschlechtstiere (Königinnen und Drohnen) produziert. Die Jungköniginnen werden während ihres Hochzeitsfluges befruchtet und machen sich anschließend auf die Suche nach einem Winterquartier, wo sie die Kälteperiode überdauern und im darauf folgenden Frühjahr einen neuen Staat gründen. Das gesamte Hummelvolk, außer den befruchteten Jungköniginnen, stirbt im Spätsommer/Herbst ab.

Im Gegensatz dazu bilden Kuckuckshummeln keine Staaten aus. Die Jungköniginnen dringen in bestehende Nester einer Wirtsart ein. Da sie keine Einrichtungen zum Pollensammeln besitzen und keine Arbeiterinnen produzieren, sind sie auf Arbeiterinnen der Wirtskolonie angewiesen, die ihre Nachkommen (Weibchen und Drohnen) aufziehen. Dabei erfolgt die Auswahl des Wirtsnestes keineswegs zufällig: Jede Kuckuckshummelart ist auf eine oder wenige Hummelarten spezialisiert und parasitiert nur an diesen.

Zusammengefasst bedeutet das für die Bestimmung einer Hummel:

- Im Frühling können nur Königinnen (große bis sehr große Individuen) und etwas später auch die ersten Arbeiterinnen (kleine Individuen) beobachtet werden, jedoch niemals Drohnen.
- Ein kleines weibliches Individuum kann keine Kuckuckshummel sein.
- Ein Individuum, das Pollenhöschen trägt, kann keine Drohne und keine Kuckuckshummel-Königin sein.
- Eine Kuckuckshummelart kann nur in einem Gebiet vorkommen, in dem auch ihre Wirtsart lebt.

Aufgrund der oben genannten Unterschiede zwischen Hummeln und Kuckuckshummeln wurden diese lange in zwei verschiedenen Gattungen geführt. Die Gattung *Psithyrus* Lepeletier 1832 beinhaltete alle sozialparasitischen Hummeln, mit Ausnahme von *B. inexspectatus* und *B. hyperboreus*. Von diesen beiden Arten ist erst seit kurzem bekannt, dass sie eine parasitäre Lebensweise haben (Müller 2006, Pape 1983). Alle anderen Hummeln wurden in der Gattung *Bombus* zusammengefasst. Zusätzlich gab es im Laufe der Zeit verschiedene Untergattungs-Systeme, die von manchen Autoren auch als Gattungen angesehen wurden. Mittlerweile herrscht jedoch Konsens, dass die Kuckuckshummeln keine Schwesterngruppe zu allen übrigen Hummeln sind, was die eigene Gattung *Psithyrus* rechtfertigen würde. Die Kuckuckshummeln werden heute vielmehr als eine von mehreren Untergattungen der Gattung *Bombus* klassifiziert (Williams et al. 2008), die jeweils monophyletisch sind, also jeweils einen gemeinsamen Vorfahren besitzen (Cameron et al. 2007).

Bestimmen der Gattung *Bombus*

Hummeln lassen sich durch ihren typischen Habitus „intuitiv" von anderen Bienen unterscheiden. Es gibt jedoch einige Bienen, die bei oberflächlicher Betrachtung für Hummeln gehalten werden können bzw. Hummeln, die eventuell nicht als solche erkannt werden.

Traditionell werden die verschiedenen Bienengattungen hauptsächlich anhand der Ausbildung der Flügeladerung am Vorderflügel, und der durch diese gebildeten Zellen unterschieden. Der Vorderflügel von Hummeln zeichnet sich durch drei Cubitalzellen aus, die etwa gleich groß sind. Gleichzeitig ist die Radialzelle im ersten Drittel am breitesten und verengt sich gegen das Flügelende hin (Abb. Seite 14). Durch die drei fast auf einer Linie liegenden Ocelli (Punktaugen) am Kopf (Abb. Seite 14), lassen sich Hummeln von anderen Gattungen mit ähnlicher Flügeladerung zweifelsfrei unterscheiden. Hier sind vor allem die Pelzbienen (*Anthophora*) zu erwähnen, deren Habitus stark an den von Hummeln erinnert. Der Vorderflügel trägt ebenfalls drei in etwa gleich große Cubitalzellen, die Radialzelle ist jedoch im hinteren Drittel am breitesten und gegen das Flügelende hin abgerundet; die Punktaugen bilden ein Dreieck. Weiters haben Pelzbienen ein sehr charakteristisches „schwebfliegenartiges" Flugverhalten. Oft für Hummeln gehalten werden auch die mittelgroßen bis großen Holzbienen (*Xylocopa*), die stark verdunkelte Flügel und eine ausschließlich schwarze Körperbehaarung besitzen. Mitteleuropäische Hummeln sind nie rein schwarz behaart. Durch ihren mehr oder weniger orange behaarten Hinterleib und ihren Habitus können die beiden Mauerbienen *Osmia bicornis* und *O. cornuta* leicht für Hummeln gehalten werden. Im Gegensatz zu Hummeln hat der Vorderflügel nur zwei Cubitalzellen und der Pollen wird in einer Bauchbürste (Scopa) gesammelt.

Ein im Allgemeinen gut erkennbares Merkmal ist das Vorhandensein der Corbicula (Pollenkörbchen, Abb. Seite 15) auf den Tibien (Schienen, Abb. Seite 14) der Hinterbeine. Da diese Einrichtung zum Sammeln und Transportieren von

Pollen dient, ist sie jedoch nur bei Arbeiterinnen und Königinnen vorhanden – bei Weibchen der sozialparasitären Untergattung *Psithyrus* (Kuckuckshummeln, Abb. Seite 15) und allen Drohnen (Abb. Seite 18) fehlt dieser Sammelapparat.

Artenliste für die Hummeln Deutschlands, Österreichs und der Schweiz

Verändert nach GUSENLEITNER et al. (2012). In Klammern steht die jeweilige Untergattung nach WILLIAMS et al. (2008). (●...gibt einen gesicherten Nachweis in dem betreffenden Land an; *...Erstnachweis für Österreich: JOZAN (1995); **... Erstnachweis für Deutschland: VAN DER SMISSEN & RASMONT 1998/Erstnachweis für Österreich: STREINZER 2010)

Art	D	A	CH
Bombus (Alpinobombus) alpinus (LINNAEUS 1758)	●	●	●
Bombus (Megabombus) argillaceus (SCOPOLI 1763)		●	●
Bombus (Thoracobombus) armeniacus RADOSZKOWSKI 1877		●	
Bombus (Psithyrus) barbutellus (KIRBY 1802)	●	●	●
Bombus (Psithyrus) bohemicus SEIDL 1837	●	●	●
Bombus (Psithyrus) campestris (PANZER 1801)	●	●	●
Bombus (Bombias) confusus SCHENCK 1859	●	●	●
Bombus (Bombus) cryptarum (FABRICIUS 1775)	●	●	●
Bombus (Cullumanobombus) cullumanus (KIRBY 1802)	●		
Bombus (Subterraneobombus) distinguendus MORAWITZ 1869	●	●	●
Bombus (Psithyrus) flavidus (EVERSMANN 1852)	●	●	●
Bombus (Subterraneobombus) fragrans (PALLAS 1771)		●	
Bombus (Megabombus) gerstaeckeri MORAWITZ 1881	●	●	●
*Bombus (Pyrobombus) haematurus** KRIECHBAUMER 1870		●	
Bombus (Megabombus) hortorum (LINNAEUS 1761)	●	●	●
Bombus (Thoracobombus) humilis ILLIGER 1806	●	●	●
Bombus (Pyrobombus) hypnorum (LINNAEUS 1758)	●	●	●
Bombus (Thoracobombus) inexspectatus (TKALCŮ 1963)		●	●
Bombus (Pyrobombus) jonellus (KIRBY 1802)	●	●	●
Bombus (Thoracobombus) laesus MORAWITZ 1875		●	
Bombus (Melanobombus) lapidarius (LINNAEUS 1758)	●	●	●

Art	D	A	CH
Bombus (Bombus) lucorum (Linnaeus 1761)	•	•	•
Bombus (Bombus) magnus Vogt 1911	•		
Bombus (Mendacibombus) mendax Gerstaecker 1869	•	•	•
Bombus (Thoracobombus) mesomelas Gerstaecker 1869	•	•	•
Bombus (Pyrobombus) monticola Smith 1849	•	•	•
Bombus (Thoracobombus) mucidus Gerstaecker 1869	•	•	•
Bombus (Thoracobombus) muscorum (Linnaeus 1758)	•	•	•
Bombus (Psithyrus) norvegicus (Sparre Schneider 1918)	•	•	•
Bombus (Thoracobombus) pascuorum (Scopoli 1763)	•	•	•
Bombus (Thoracobombus) pomorum (Panzer 1805)	•	•	•
Bombus (Pyrobombus) pratorum (Linnaeus 1761)	•	•	•
Bombus (Pyrobombus) pyrenaeus Pérez 1879	•	•	•
Bombus (Psithyrus) quadricolor (Lepeletier 1832)	•	•	•
Bombus (Thoracobombus) ruderarius (Müller 1776)	•	•	•
Bombus (Megabombus) ruderatus (Fabricius 1775)	•	•	•
Bombus (Psithyrus) rupestris (Fabricius 1793)	•	•	•
*Bombus (Cullumanobombus) semenoviellus*** Skorikov 1910	•	•	
Bombus (Melanobombus) sichelii Radoszkowski 1859	•	•	•
Bombus (Kallobombus) soroeensis (Fabricius 1776)	•	•	•
Bombus (Subterraneobombus) subterraneus (Linnaeus 1758)	•	•	•
Bombus (Thoracobombus) sylvarum (Linnaeus 1761)	•	•	•
Bombus (Psithyrus) sylvestris (Lepeletier 1832)	•	•	•
Bombus (Bombus) terrestris (Linnaeus 1758)	•	•	•
Bombus (Psithyrus) vestalis (Geoffroy 1785)	•	•	•
Bombus (Thoracobombus) veteranus (Fabricius 1793)	•	•	•
Bombus (Alpigenobombus) wurflenii Radoszkowski 1859	•	•	•
Arten gesamt	**41**	**45**	**40**

Zur Benutzung des Schlüssels

Der Feldbestimmungsschlüssel ist in einen Übersichtsschlüssel und die Schlüssel A, B, C und E gegliedert. Alle Schlüssel sind grundsätzlich dichotom aufgebaut, das heißt in jedem Bestimmungsschritt werden zwei Entscheidungsmöglichkeiten angeboten, wobei eine Entscheidung zu zwei weiteren

Möglichkeiten führt und so weiter, bis man beim Verweis zu jener Artentabelle landet, die die gesuchte Art enthält. In einigen Fällen wurde dieses System jedoch auf drei bis vier Alternativen je Schritt erweitert. Dadurch wird der Bestimmungsschlüssel kompakter und vor allem für Anfänger leichter verwendbar. Alle Möglichkeiten können auf einen Blick erfasst und direkt miteinander verglichen werden, bevor eine Entscheidung getroffen wird.
Der Übersichtsschlüssel verweist mit Hilfe der Ermittlung des Geschlechts und der Färbung der Clypeusbehaarung am Kopf (Kopfschildbehaarung, Abb. Seite 14) auf den jeweiligen Schlüssel. Da *B. hypnorum*-Drohnen als einzige heimische Hummeln über einen braun behaarten Kopfschild verfügen, wird im Übersichtsschlüssel ohne Umweg direkt auf die Artentabelle D verwiesen.
Alle Schlüssel sind in zwei Spalten unterteilt. Links befinden sich neben der Nummerierung schematische Illustrationen von Hummeln in der Rückenansicht, rechts der dazugehörige Text sowie der Verweis auf den nächsten Bestimmungsschritt beziehungsweise eine Artentabelle. An manchen Stellen wird das Bestimmungsmerkmal nochmals im Bild gezeigt. Aus Gründen der Übersichtlichkeit wurden bei den Abbildungen immer nur die im aktuellen Bestimmungsschritt relevanten Terga von Brust und Hinterleib bunt eingefärbt, der Rest des Tieres ist grau gehalten.
Bei der Farbauswahl für die schematischen Zeichnungen in den Schlüsseln, wie auch in den Artentabellen, schien es wenig sinnvoll, Farbnuancen zu berücksichtigen. Zum einen kann der Farbeindruck von den Lichtverhältnissen und der persönlichen Farbwahrnehmung beeinflusst werden, zum anderen können Individuen der gleichen Art im Farbton variieren. Hinzu kommt, dass die Behaarung von Hummeln mit fortschreitendem Alter oft ausbleicht. Daher wurden neben Grau nur die folgenden Farben für die Hummelschemata verwendet: Weiß, Strohgelb/Graugelb, Zitronengelb, Dunkelgelb, Orange, Braun und Schwarz. In den Abbildungen wurde das 6. Tergum (Königinnen und Arbeiterinnen) bzw. 7. Tergum (Drohnen) immer schwarz eingefärbt. In den wenigen Fällen, in denen das Endtergum eine Rolle bei der Artbestimmung spielt, wird dessen Färbung im Text erwähnt.
Im Anschluss an jeden Schlüssel folgen die dazugehörige Artentabelle A, B, C oder E. Dort sind alle für ein bestimmtes Färbungsmuster in Frage kommenden Arten in der Rückenansicht abgebildet und deren Verbreitung sowie verschiedene differenzialdiagnostische Merkmale aufgeführt, um ähnlich oder gleich gefärbte Arten unterscheiden zu können. Auf den Seiten 14–18 sind verschiedene Körpermerkmale schematisch dargestellt, wobei Seite 14 einen generellen Überblick über den Bau einer Hummel gibt. Die übrigen Seiten zeigen Detailansichten von in den Schlüsseln und Artentabellen angeführten Merkmalen.
Die Angaben zur Verbreitung sollen einen Anhaltspunkt geben, wo die einzelnen Arten überhaupt zu erwarten sind. Für jede Art sind jeweils die Länder

angeführt, für die ein gesicherter Nachweis vorliegt, sowie der Lebensraum und die Höhenstufe, wo die Art vorkommt. Selbstverständlich kann es in Einzelfällen die sprichwörtliche Ausnahme von der Regel geben. Man wird im bearbeiteten Gebiet jedoch zum Beispiel nie eine Hochgebirgsart in tiefen Lagen finden (außer im Insektenkasten einer Museumssammlung oder eines privaten Sammlers). Bei den Kuckuckshummeln wurden zusätzlich noch die Wirtsart bzw. die Wirtsarten nach Løken (1984) angegeben.
Unterhalb der Verbreitungsangaben ist der wissenschaftliche Artname genannt. Bei Arten, die zu den sozialparasitären Kuckuckshummeln gehören, wurde in Klammern zusätzlich noch der Untergattungsname *Psithyrus* angeführt, um deren von anderen Hummeln abweichende Ökologie hervorzuheben. Die Untergattungen (nach Williams et al. 2008) aller heimischen Arten können Tabelle 1 entnommen werden. Weiters wurden häufige Arten durch zusätzliche Angabe eines deutschen Namens gekennzeichnet.
Die Auflistung in Tabelle 1 wurde von Gusenleitner et al. (2012) übernommen und um zwei Arten erweitert, die in jüngster Vergangenheit im Gebiet eingewandert sind, nämlich *B. haematurus* in Österreich (Jozan 1995) und *B. semenoviellus* in Österreich und Deutschland (Streinzer 2010, van der Smissen & Rasmont 2000).
Bevor mit dem Bestimmen lebendiger Hummeln begonnen wird, ist es empfehlenswert, tote Individuen einzusammeln und eingehend zu betrachten. An diesen Tieren können in Ruhe der Körperbau sowie die Lage und Ausprägung der in den Schlüsseln und Artentabellen aufgeführten Merkmale studiert werden. Da in den meisten Fällen kein Auflicht-Stereomikroskop zur Verfügung stehen wird, sollte hierbei zumindest eine starke Lupe Verwendung finden.
Nachdem man sich mit der Morphologie vertraut gemacht hat, kann man anfangen, lebendige Tiere im Freiland zu bestimmen. Dazu werden Hummeln entweder mit einem Schmetterlingsnetz gefangen und anschließend in ein Gefäß überführt oder direkt mit einem Gefäß von Blüten abgesammelt. Am besten eignen sich hierzu transparente, zylindrisch geformte Kunststoffröhrchen, die mit einem Schaumstoff-Pfropfen verschlossen werden können und als *Drosophila*-Zuchtröhrchen bezeichnet werden (manchmal im Entomologie-Bedarf erhältlich). Durch vorsichtiges Hineindrücken des Pfropfens können Hummeln zwischen diesem und dem Röhrchenboden fixiert und somit immobilisiert werden, ohne die Tiere dabei zu verletzen. Da Insekten problemlos einige Zeit in diesen Röhrchen verbringen können, ohne Schaden zu nehmen, ist es möglich, mehrere Individuen zu fangen und diese anschließend in einem Durchgang zu bestimmen. Dabei müssen jedoch zwei Dinge beachtet werden: In jedem Behälter darf jeweils nur ein Individuum untergebracht werden, da sich die Tiere sonst gegenseitig verletzen können und Röhrchen, die Hummeln enthalten, dürfen niemals länger der Sonne ausgesetzt werden!
Erfahrene Bestimmer können viele Arten auch anhand von Fotos erkennen.

Dazu ist es empfehlenswert, von jeder Hummel mehrere Bilder aus verschiedenen Perspektiven zu machen, auf denen der Kopfschild, die gesamte Rückenansicht des Tieres sowie eventuell notwendige zusätzliche Merkmale sichtbar sind.
Obwohl es viele Hummelarten gibt, die im Feld mit einiger Übung recht gut zu bestimmen sind, soll der vorliegende Bestimmungsschlüssel nicht darüber hinwegtäuschen, dass man bei einigen Arten beziehungsweise Individuen an Grenzen stoßen wird. Zum Leidwesen des Bestimmers gibt es (wie bei vielen anderen Insektengruppen auch) Arten, die einander so ähnlich sind, dass selbst Experten diese nur schwer oder gar nicht unterscheiden können. Zudem sind einige Arten bemerkenswert variabel – nicht nur die Veränderliche Hummel kann stark in der Färbung ihrer Körperbehaarung variieren. Um die Übersichtlichkeit des Schlüssels beziehungsweise der Artentabellen nicht zu beeinträchtigen, wurden nur häufig auftretende Farbvarianten abgebildet. Seltene Abweichungen konnten dabei nicht berücksichtigt werden.
Zuletzt sei noch auf zwei Risiken hingewiesen, die es beim Hummelfang zu beachten gibt: ein gesundheitliches und ein rechtliches.
Einem weit verbreiteten Irrglauben zufolge können Hummeln nicht stechen. Dies trifft jedoch nur auf Drohnen zu. Dagegen besitzen alle weiblichen Hummeln (Königinnen und Arbeiterinnen) einen wehrhaften Giftstachel, von dem sie bei Bedrohung auch Gebrauch machen. Der Stich ist schmerzhaft, aber in der Regel deutlich weniger als der einer Honigbiene. Bedrohlich werden Hummelstiche nur für Menschen, die allergisch auf das Gift reagieren.
Der zweite Punkt betrifft den Naturschutz. Obwohl Kontakt mit der Exekutive durchaus auch angenehm sein kann, fällt er nach Begehung einer Straftat meist unerfreulich aus. Es wird daher dringend empfohlen, sich über die Naturschutzbestimmungen des jeweiligen Landes zu informieren, bevor man mit dem Hummelfang beginnt.

Danksagung

Wir danken Mag. Fritz Gusenleitner (Biologiezentrum Linz) und Mag. Dominique Zimmermann (Naturhistorisches Museum Wien) für den Zugang zu den Sammlungen. Für die finanzielle Unterstützung zur Drucklegung der ersten beiden Auflagen im Eigenverlag bedanken wir uns beim Naturschutzbund Österreich. Dank gebührt auch all jenen, die uns durch Erprobung des Schlüssels und hilfreiche Anregungen unterstützt haben sowie Markus Schmeiduch für seine Hilfe bei der Erstellung der „Urhummel".
Nicht zuletzt bedanken wir uns bei Gerhard Stahl und Michael Klink vom Quelle & Meyer Verlag für die gute Zusammenarbeit und die Möglichkeit, unseren Bestimmungsschlüssel einem breiten Publikum zugänglich zu machen.

Körperbau der Hummeln

Übersicht über verschiedene Teile des Hummelkörpers, ohne Behaarung gezeichnet

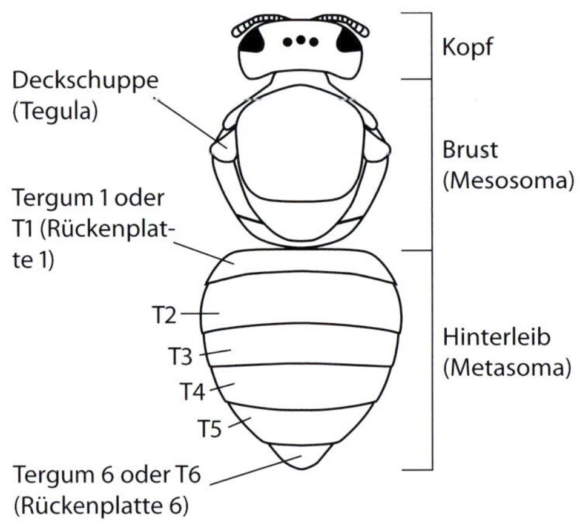

Körper einer Arbeiterin in Rückenansicht

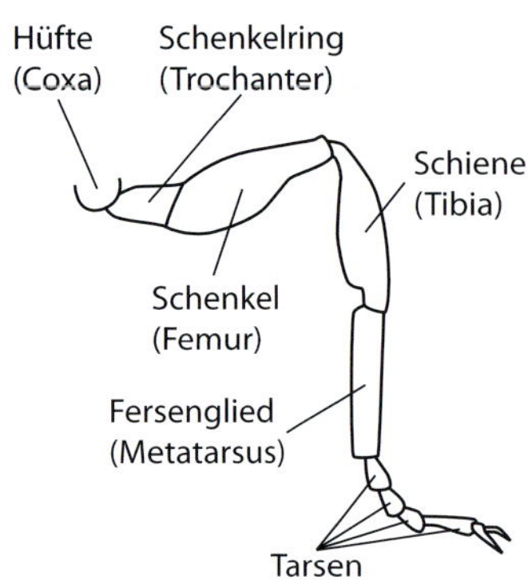

Gliederung eines Mittelbeins

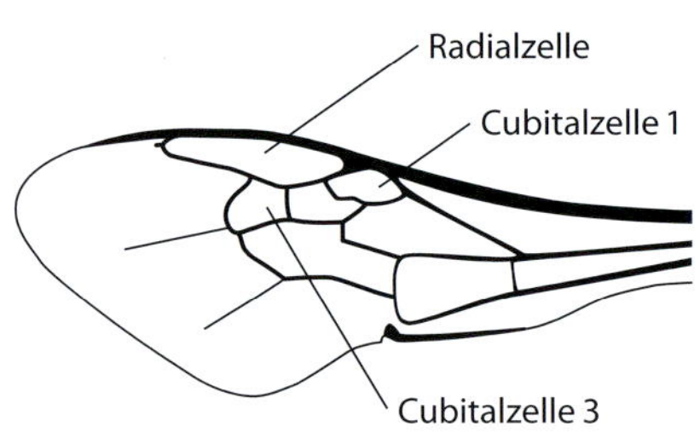

linker Vorderflügel

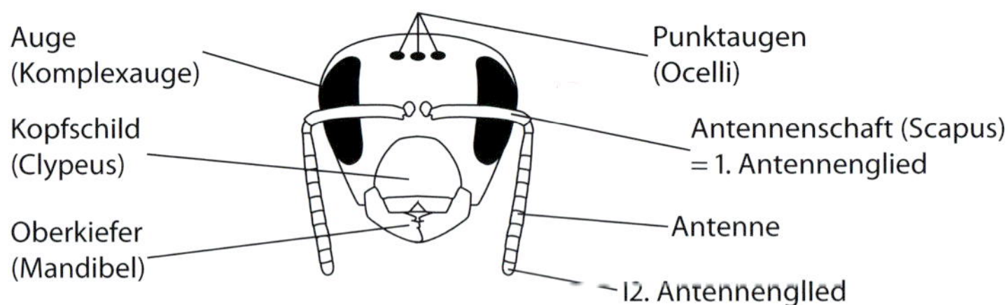

Vorderansicht eines Kopfes

Schematische Zeichnungen der Körperteile von Arbeiterinnen und Königinnen

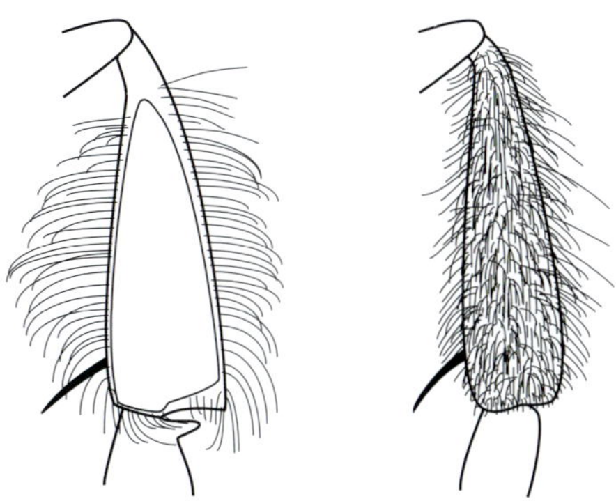

Links Schiene des Hinterbeins mit Pollenkörbchen, rechts ohne Pollenkörbchen (Kuckuckshummeln)

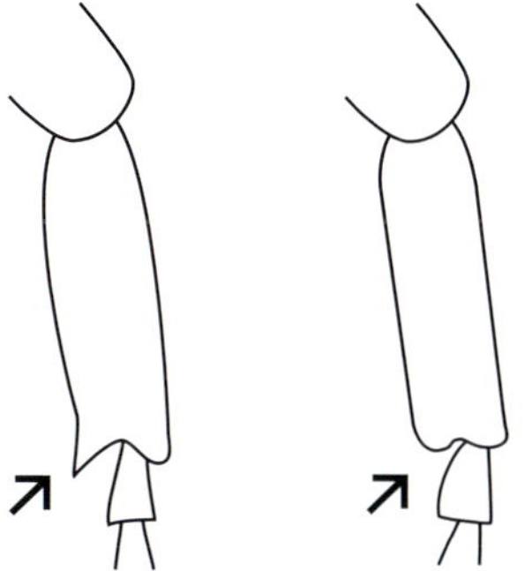

Fersenglied des rechten Mittelbeins in Seitenansicht ohne Behaarung gezeichnet, links spitz ausgezogen, rechts abgerundet

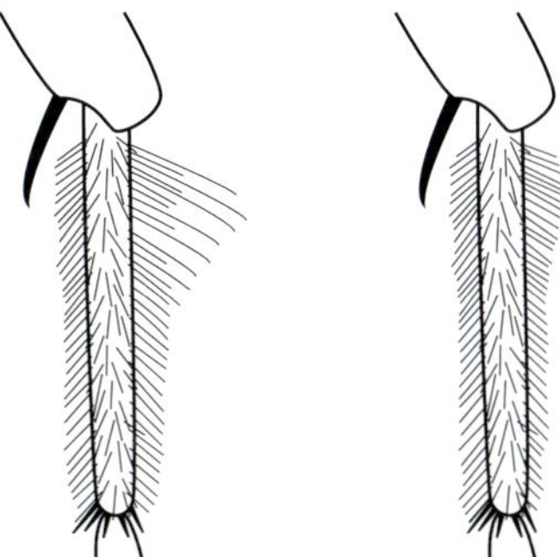

Fersenglied des linken Mittelbeins in Vorderansicht. Links mit langen und kurzen Haaren, rechts nur mit kurzen Haaren.

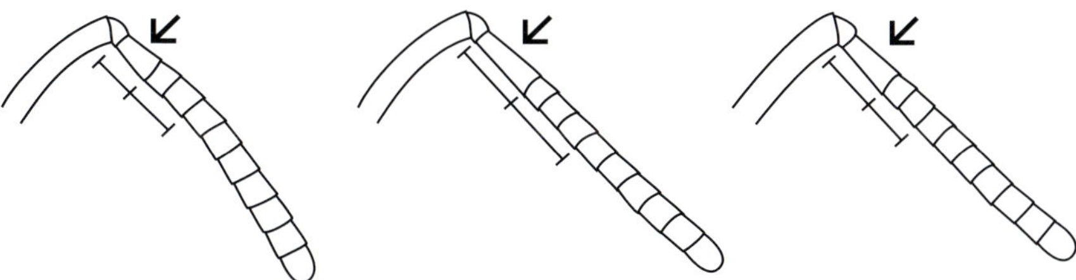

Linke Antenne, Pfeil weist auf das 3. Antennenglied. Links nach *B. monticola*, mittig von *B. mendax*, rechts von *B. confusus*

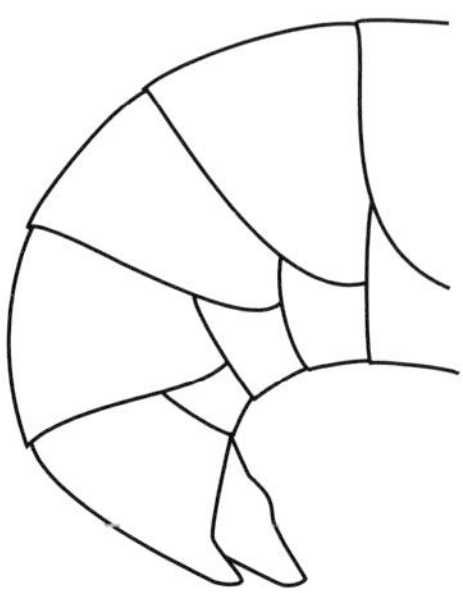
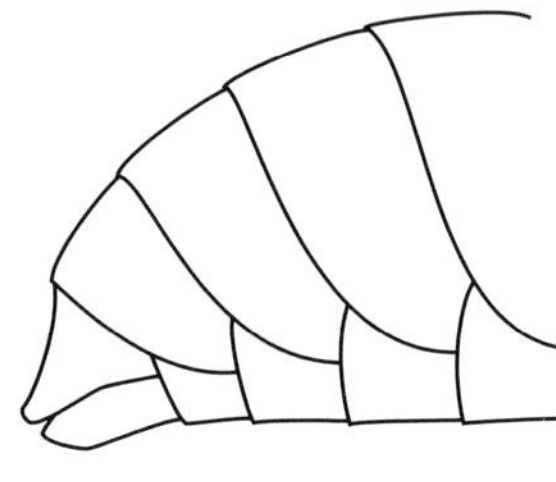

Hinterleib in Seitenansicht ohne Behaarung gezeichnet. Links zum Bauch hin gekrümmt, rechts nicht zum Bauch hin gekrümmt

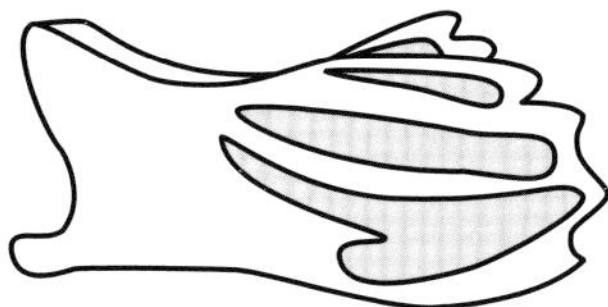
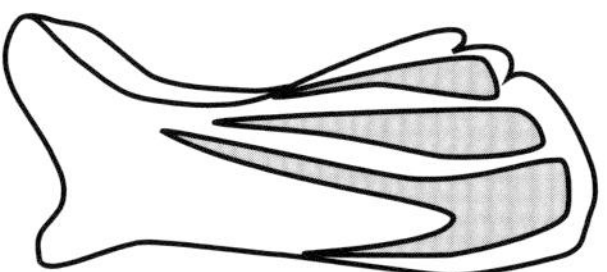

Rechter Oberkiefer. Links von *B. wurflenii*, rechts mit zwei Zähnen und geradem Kaurand (nach *B. lapidarius*)

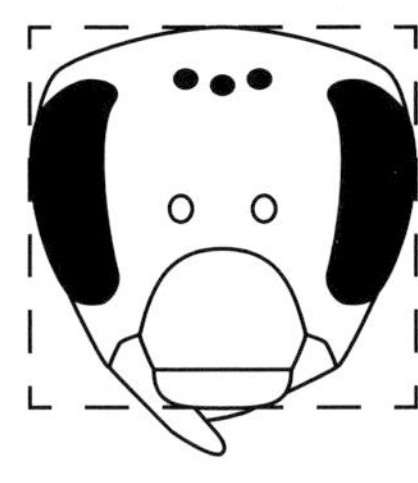

Kopf links sehr lang, rechts kurz

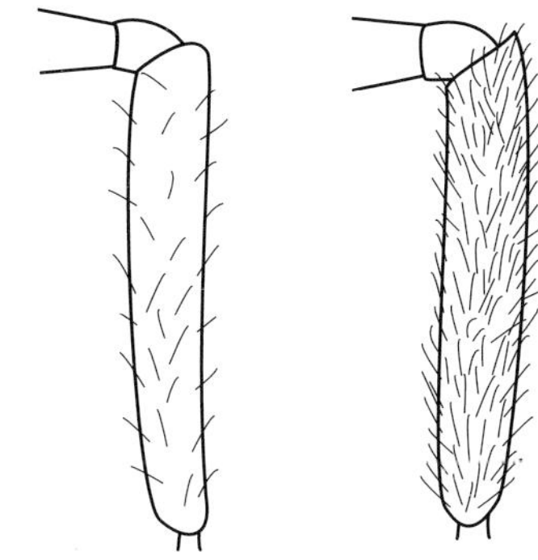

Rechter Antennenschaft von *B. sylvestris* (links), *B. norvegicus* und *B. flavidus* (rechts)

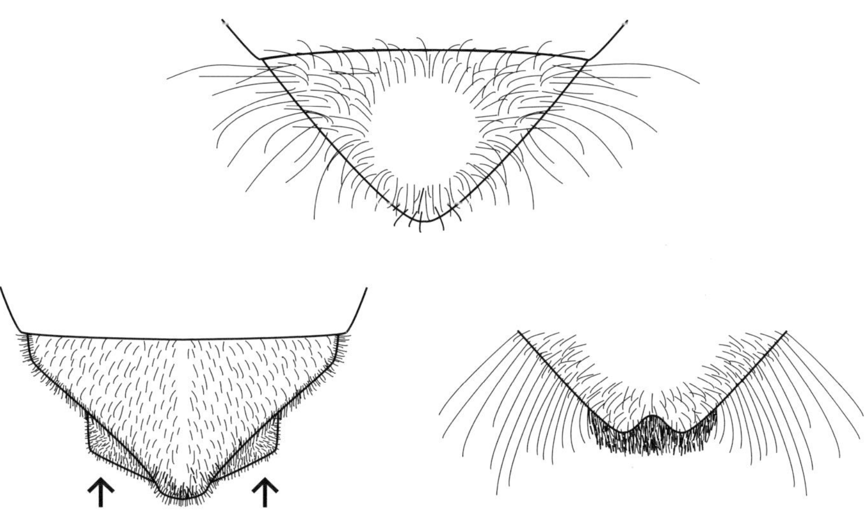

Rückenansicht von T6. Links von *B. rupestris*, mittig von *B. lapidarius*, rechts *B. sichelii*

Schematische Zeichnungen der Körperteile von Drohnen

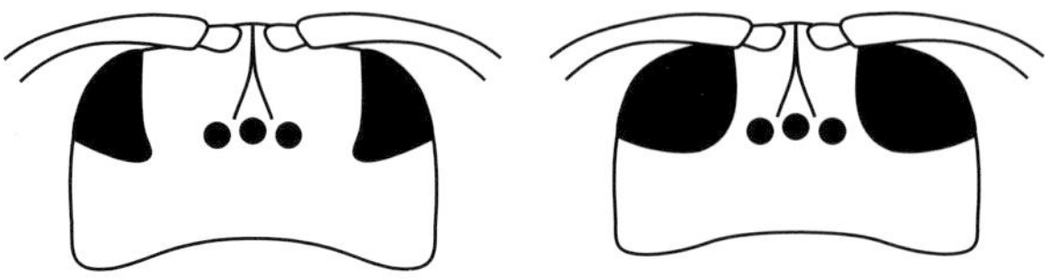

Kopf in Rückenansicht. Links mit normalgroßen Augen, rechts mit großen Augen

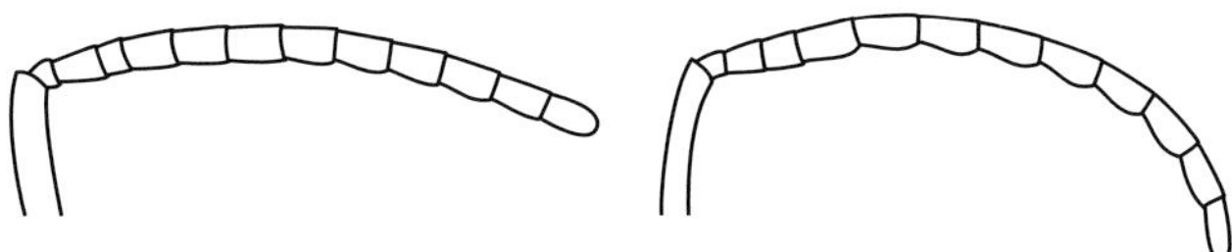

Linke Antenne. Links mit leicht bogig erweiterten Gliedern (nach *B. mucidus*), rechts mit stark bogig erweiterten Gliedern (nach *B. veteranus*)

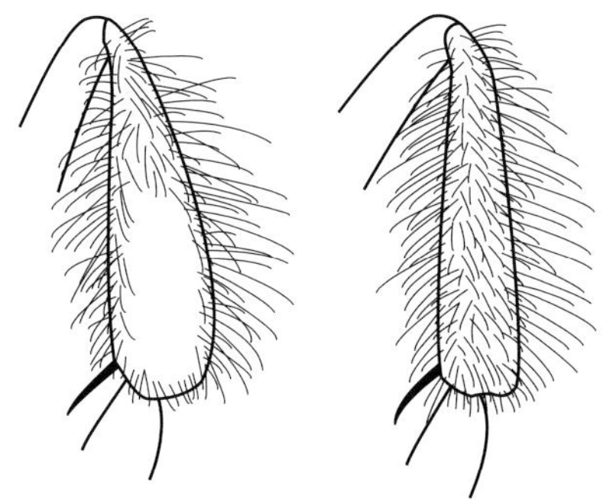

Außenseite einer Schiene des Hinterbeins. Links mit haarloser Fläche, rechts ohne haarlose Fläche (Kuckuckshummeln)

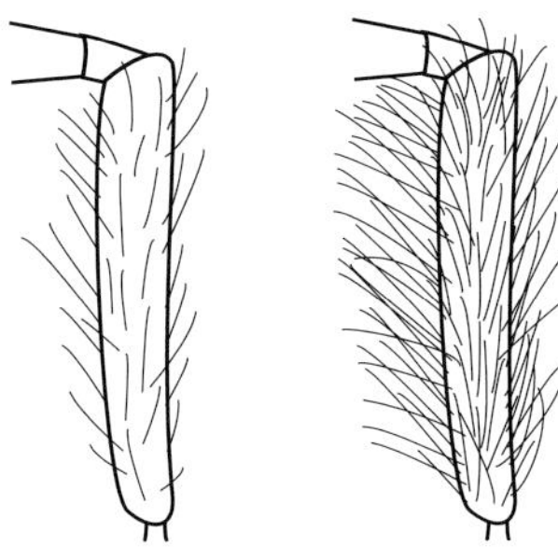

Rechter Antennenschaft von *B. sylvestris* (links), *B. norvegicus* und *B. flavidus* (rechts)

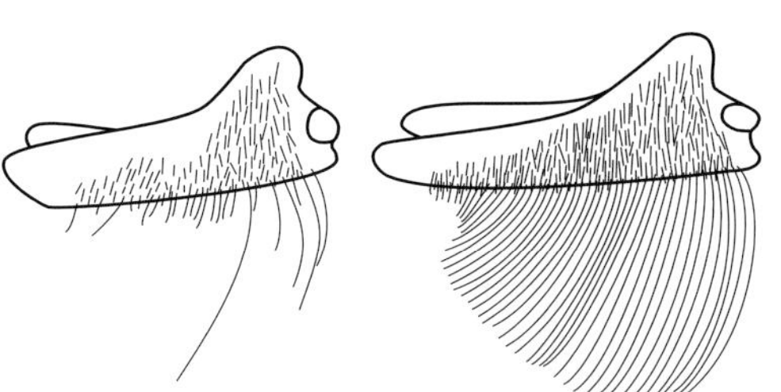

Linke Mandibel. Links ohne Kieferbart (nach *B. mesomelas)*, rechts mit Kieferbart (nach *B. mucidus*)

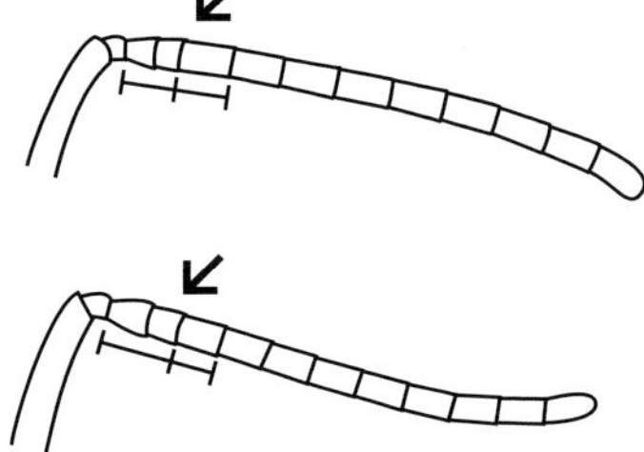

Linke Antenne von *B. vestalis* (oben), *B. bohemicus* (unten)

Übersichtsschlüssel

1 Schienen der Hinterbeine mit Pollenkörbchen. Hinterleib weist sechs sichtbare Terga auf, wobei T6 spitz endet. Gestalt generell gedrungen. Antennen bestehen aus 12 Gliedern.
Arbeiterinnen und Königinnen → **2**

1* Schienen der Hinterbeine ohne Pollenkörbchen. Hinterleib weist sechs oder sieben sichtbare Terga auf. Gestalt gedrungen oder schlank. Antennen bestehen aus 12 oder 13 Gliedern. → **3**

2

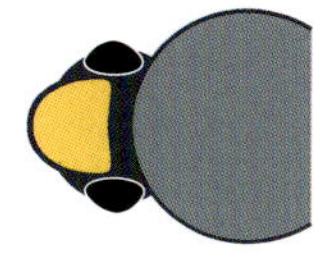

Kopfschild hell behaart. **Schlüssel A** Seite 20

2*

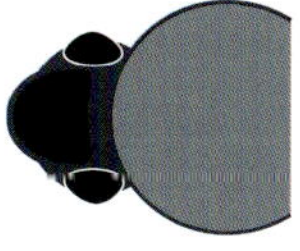

Kopfschild schwarz behaart. **Schlüssel B** Seite 24

3 Hinterleib weist sechs sichtbare Terga auf, wobei T6 spitz endet. Bauchplatte S6 mit mehr oder weniger stark ausgeprägten Leisten. Außenskelett scheint durch Behaarung durch. Gestalt gedrungen. Antennen bestehen aus 12 Gliedern. Kopfschild schwarz behaart.
Kuckuckshummel-Königinnen **Schlüssel B** Seite 24

3* Hinterleib weist sieben sichtbare Terga auf, wobei T7 am Ende abgerundet ist. Gestalt schlank. Antennen bestehen aus 13 Gliedern. Kopfschild gelb, braun oder schwarz behaart.
Drohnen → **4**

4

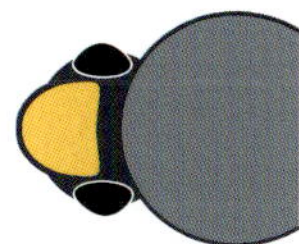

Kopfschild hell behaart. **Schlüssel C** Seite 36

4*

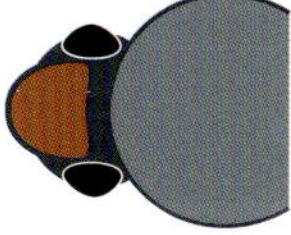

Kopfschild braun behaart. **Artenliste D** Seite 43

4**

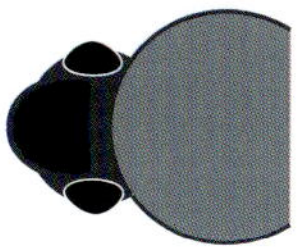

Kopfschild schwarz behaart. **Schlüssel E** Seite 44

Schlüssel A: Arbeiterinnen und Königinnen mit hell behaartem Kopfschild

A1	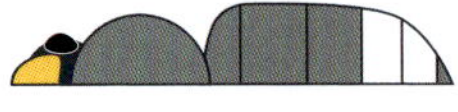	Hinterleib: T4 und T5 weiß behaart. **Artenliste A4** (Seite 21)
A1*	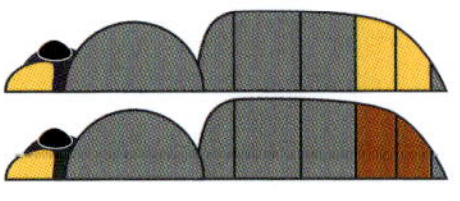	Hinterleib: T4 und T5 gelb bis braun behaart. → **A2**
A1**	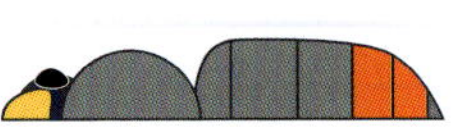	Hinterleib: T4 und T5 orange behaart. **Artenliste A6** (Seite 22)
A2	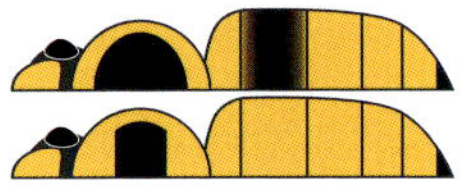	Hinterleib stroh- bis dunkelgelb, bei manchen Arten mit schwarzen Haaren durchmischt. Brust gelb mit schwarzem Interalarband oder Mittelfleck. → **A3**
A2*	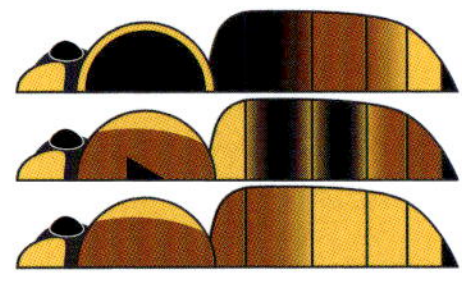	Hinterleib bräunlich, in unterschiedlichem Maße mit schwarzen und/oder gelben Binden oder Übergängen. Brust braun oder schwarz (bei *B. humilis* kann die schwarze Brust schmal von gelben Haaren umgeben sein!). **Artenliste A5** (Seite 21)
A3		Hinterleib gelb, nur T6 mit schwarzen Haaren. **Artenliste A7** (Seite 23)
A3*	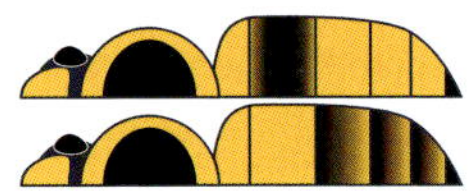	Hinterleib gelb, neben T6 noch andere Terga mit schwarzen Haaren. **Artenliste A8** (Seite 23)

Artenliste A4 – Hinterleib: T4 und T5 weiß behaart

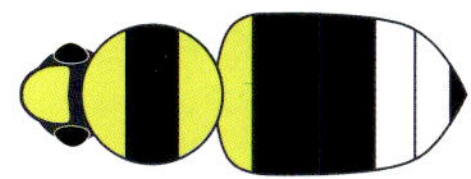

A, D; selten [Tiefland bis Hügelstufe. Offenland]

Bombus semenoviellus

Artenliste A5 – Gesamter Hinterleib bräunlich, in unterschiedlichem Maße mit schwarzen und/oder gelben Binden oder Übergängen

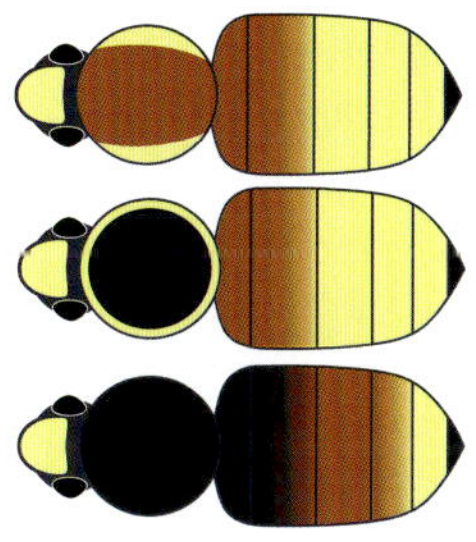

Sehr variabel gefärbte Art.
Die Brust kann braun bis schwarz gefärbt sein, seitlich oft mit hellen Haaren. Wenn schwarze Haare vorhanden, bilden diese nie ein Dreieck. Behaarung mit verschieden langen Haaren. Beginn der braunen Behaarung am Hinterleib variiert, diese oft mit schwarzen Haaren durchmischt. Generell wird die Färbung des Hinterleibs zum Hinterende hin gelb. Lange Haare auf T6 schwarz.

D, A, CH [Tiefland bis (untere) Bergwaldstufe. Offenland bis lockere Baum- und Gehölzbestände]

Veränderliche Hummel – *Bombus humilis*

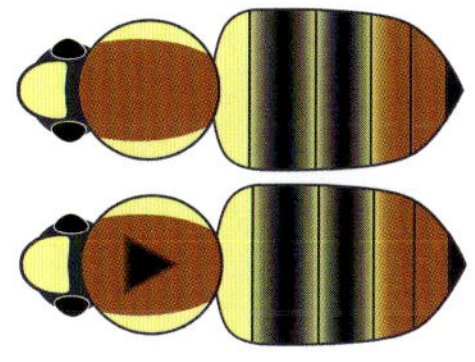

Sehr variabel gefärbte Art.
Die Brust ist braun behaart mit hellen Seitenrändern. Teilweise Dreieck aus schwarzen Haaren vorhanden. Behaarung mit verschieden langen Haaren.
Hinterleib sehr variabel gefärbt. T1–T3 hell behaart, mit schwarzen Haaren, wobei T2 und T3 manchmal ganz schwarz behaart sein können. Generell wird die Färbung des Hinterleibs zum Hinterende hin braun. Lange Haare auf T6 hell, seitlich manchmal schwarze Haare.

D, A, CH; häufig [Tiefland bis Bergwaldstufe. Offenland bis lockere Baum- und Gehölzbestände]

Ackerhummel – *Bombus pascuorum*

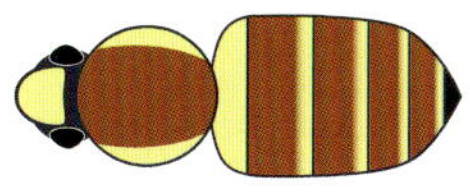

Brust braun behaart, seitlich gelbe Haare. Hinterleib: Hinterränder der Terga sind heller behaart. Schwarze Haare nur auf T6. Behaarung gleichmäßig, sehr kurz.
Auffallend hoher Flugton.

D, A, CH; selten [Tiefland bis Buchenwaldstufe. Offenland (feucht)]

Bombus muscorum

Artenliste A6 – Hinterleib: T4 und T5 orange behaart

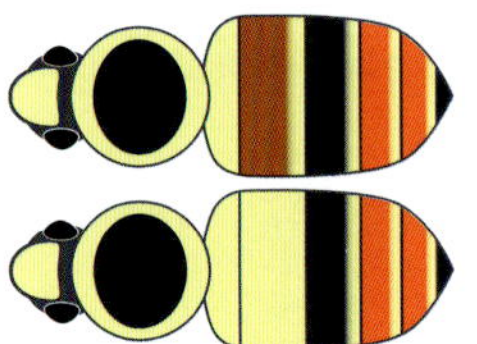

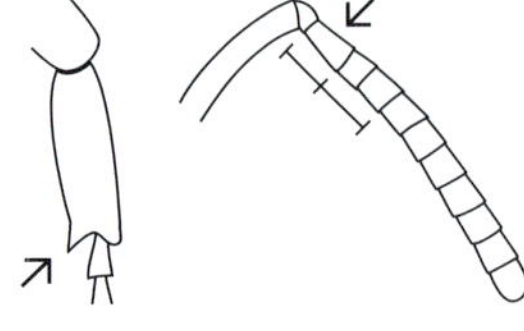

Orange Behaarung des Hinterleibs ab dem Vorderrand von T4. T2 bis T5 am Hinterrand strohgelb behaart.
Fersenglied des Mittelbeins spitz (Abb.). Drittes Antennenglied kürzer als das 4. und 5. zusammen (Abb.). Auffällig hoher Flugton.

D, A, CH [Tiefland bis Bergwaldstufe. Lockere Baum- und Gehölzbestände]

Bunthummel – *Bombus sylvarum*

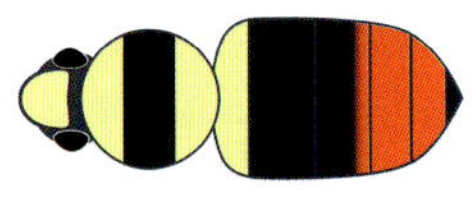

Orange Behaarung des Hinterleibs ab dem Hinterrand von T3. Gelbe Binden der Brust oft sehr schwach entwickelt bis fast fehlend.
Fersenglied des Mittelbeins abgerundet (Abb.). Drittes Antennenglied fast so lang wie die drei folgenden Glieder zusammen (Abb.).

D, A, CH [Krummholzstufe bis Schneestufe. Hochgebirge]

Trughummel – *Bombus mendax*

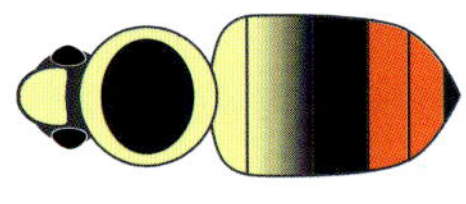

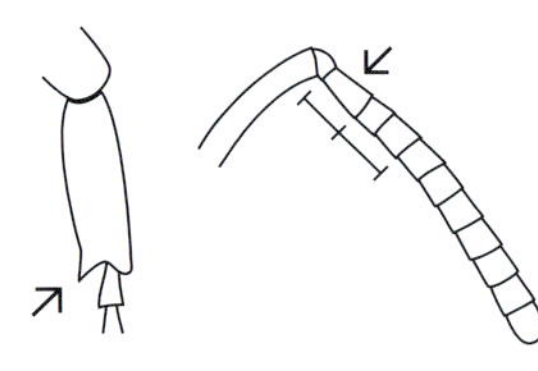

Orange Behaarung des Hinterleibs ab dem Vorderrand von T4. Terga ohne helle Hinterränder.
Fersenglied des Mittelbeins spitz (Abb.). Drittes Antennenglied kürzer als das 4. und 5. zusammen (Abb.).

Obligater Brutparasit an *B. ruderarius*, daher gibt es keine Arbeiterinnen.
A (Süden), CH; selten [Bergwaldstufe bis Alpinstufe. Hochgebirge]

Bombus inexspectatus

Fortsetzung nächste Seite

Artenliste A6 – Fortsetzung

Orange Behaarung des Hinterleibs ab dem Vorderrand von T4. Fersenglied des Mittelbeins abgerundet (Abb.). Drittes Antennenglied kürzer als das 4. und 5. zusammen (Abb.). Hinterrand von T6 leicht ausgeschnitten, mit rundem unbehaartem Fleck (Abb.)

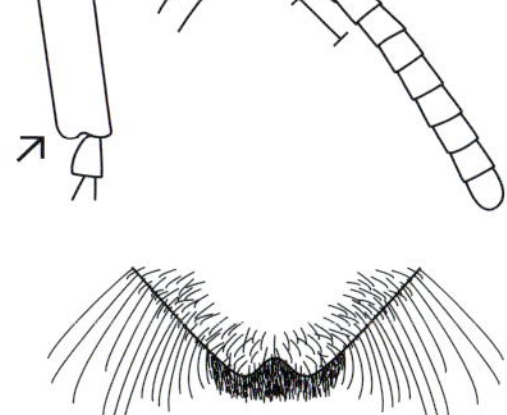

D, A, CH [Krummholzstufe bis Schneestufe. Hochgebirge]

Höhenhummel – *Bombus sichelii* – Königin

Artenliste A7 – Hinterleib gelb, nur T6 mit schwarzen Haaren

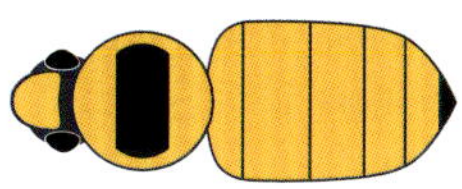

Gesamter Körper dunkelgelb. Brust mit schwarzem Mittelfleck, dessen Vorder- und Hinterrand +/- parallel. Behaarung kurz, samtartig. Flügel leicht gebräunt.

D, A, CH (jeweils im Norden); sehr selten [Tiefland bis Buchenwaldstufe. Offenland]

Bombus distinguendus

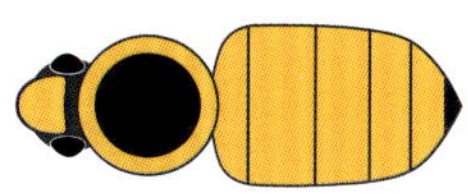

Gesamter Körper dunkelgelb. Brust mit schwarzem, rundem Mittelfleck. Behaarung kurz, samtartig.

A (Osten); wahrscheinlich ausgestorben [Tiefland. Offenland (trocken)]

Bombus laesus

Artenliste A8 – Hinterleib gelb, neben T6 noch andere Terga mit schwarzen Haaren

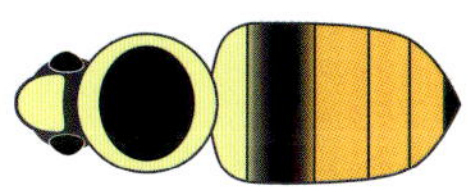

Grundfarbe graugelb. T2 dunkelbraun bis schwarz behaart, T3–T5 nur gelb behaart. Behaarung struppig und schütter.

D, A, CH [Bergwaldstufe bis Alpinstufe. Hochgebirge]

Grauweiße Hummel – *Bombus mucidus*

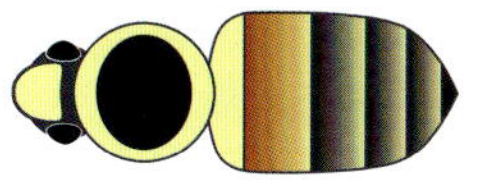

Grundfarbe graugelb. Vorderrand T2–T5 bzw. T3–T5 dunkel behaart, am Hinterrand hell behaart.

D, A, CH [Tiefland bis Buchenwaldstufe. Offenland]

Bombus veteranus

Schlüssel B: Arbeiterinnen und Königinnen mit schwarz behaartem Kopfschild

B1 Schienen der Hinterbeine ohne Pollenkörbchen (Abb.). Keine Arbeiterinnen (nur große Individuen). → **B2**

B1* Schienen der Hinterbeine mit Pollenkörbchen (Abb.). Königinnen und Arbeiterinnen (kleine und große Individuen). → **B5**

B2 Hinterleib: T4 und T5 weiß behaart bzw. T4 weiß und T5 mehr oder weniger schwarz behaart. Die weiße Behaarung kann manchmal auch hellgelb sein. → **B3**

B2* Hinterleib: T4 und T5 gelb behaart, beide Terga in der Mitte mehr oder weniger schwarz behaart. **Artenliste B20** (Seite 31)

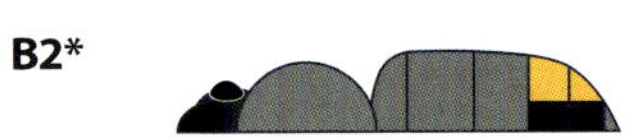

B2** Hinterleib: T4 und T5 orange behaart (bei *B. rupestris* manchmal nur T5). **Artenliste B15** (Seite 29)

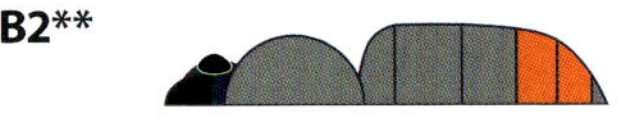

B3 Brust mit zwei gelben Binden. **Artenliste B17** (Seite 30)

B3* Brust mit einer gelben Binde. → **B4**

B4 Spitze des Hinterleibs zum Bauch hin gekrümmt (Abb.). **Artenliste B19** (Seite 31)

B4* Spitze des Hinterleibs nicht zum Bauch hin gekrümmt (Abb.). **Artenliste B13** (Seite 27)

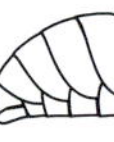

B5 Brust einfarbig schwarz oder braun. → **B6**

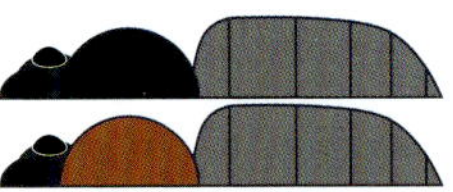

B5* Brust schwarz mit hellen Binden beziehungsweise gelb mit schwarzem Mittelfleck. → **B8**

	Merkmal	Weiter
B6	Hinterleib: T4 und T5 weiß behaart.	**Artenliste B18** (Seite 30)
B6*	Hinterleib: T4 und T5 orange behaart.	→ **B7**
B7	Hinterleib: orange Behaarung ab T2 oder T3.	**Artenliste B23** (Seite 33)
B7*	Hinterleib: orange Behaarung ab T4.	**Artenliste B24** (Seite 34)
B8	Hinterleib: T4 und T5 weiß behaart.	→ **B9**
B8*	Hinterleib: T4 und T5 gelb behaart.	**Artenliste B12** (Seite 27)
B8**	Hinterleib: T4 und T5 orange behaart.	→ **B10**
B8***	Hinterleib: T4 schwarz und T5 bräunlich oder T4 und T5 schwarz behaart.	**Artenliste B16** (Seite 29)
B9	Brust mit zwei gelben Binden. Hinterleib: T2 ohne gelbe Binde.	**Artenliste B11** (Seite 26)
B9*	Brust mit einer gelben Binde. Hinterleib: T2 mit gelber Binde.	**Artenliste B21** (Seite 32)
B10	Brust mit zwei gelben Binden.	**Artenliste B22** (Seite 32)
B10*	Brust mit einer gelben Binde (wenn sich am Hinterrand der Brust ein schmaler „v"-förmiger Haarsaum befindet, beginnt orange Behaarung auf T2 oder Basis T3).	**Artenliste B14** (Seite 28)

Artenliste B11 – Hinterleib: T4 und T5 weiß behaart. Brust mit zwei gelben Binden

B. hortorum und *B. ruderatus* können im Freiland oft nicht sicher unterschieden werden.

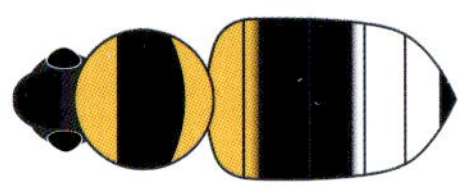

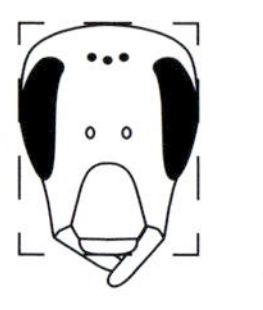

Vorderrand der hinteren Brustbinde gebogen. Behaarung lang, struppig, dadurch Farben an den Übergängen nicht scharf abgegrenzt.
Kopf sehr lang (Abb.). Fersenglied des Mittelbeins spitz (Abb.).

D, A, CH; häufig [Tiefland bis Alpinstufe. Weites Lebensraumspektrum]

Gartenhummel – *Bombus hortorum*

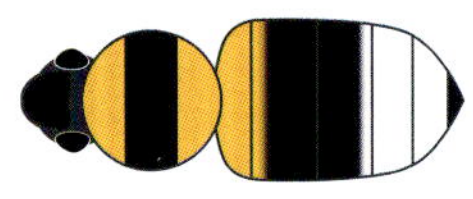

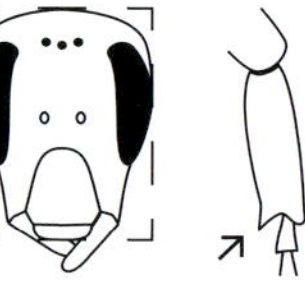

Vorderrand der hinteren Brustbinde gerade. Behaarung kurz und regelmäßig. Gelbe Binde auf T1 oft unterbrochen.
Kopf sehr lang (Abb.). Fersenglied des Mittelbeins spitz (Abb.).

D, A, CH; selten [Tiefland bis Hügelstufe. Offenland]

Bombus ruderatus

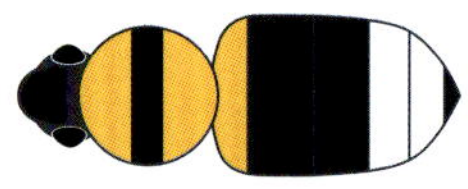

Binden der Brust breit dunkelgelb. T1 des Hinterleibs gelb behaart. Behaarung kurz und regelmäßig, dadurch erscheinen die einzelnen Farben deutlich voneinander abgegrenzt. Interalarband schmäler als vordere Binde. Flügel sind bräunlich. Kopf sehr lang (Abb.). Fersenglied des Mittelbeins spitz (Abb.).

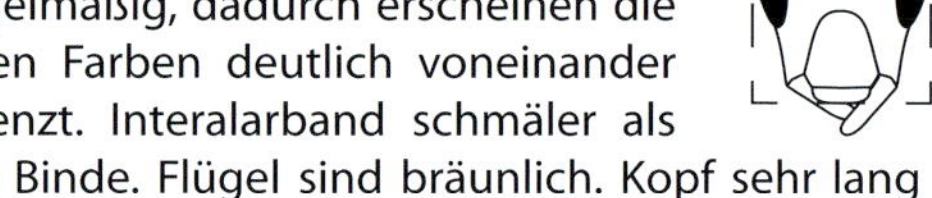

A, CH (jeweils im Süden); [Tiefland bis Bergwaldstufe. Offenland (trocken)]

***Bombus argillaceus* – Arbeiterin**

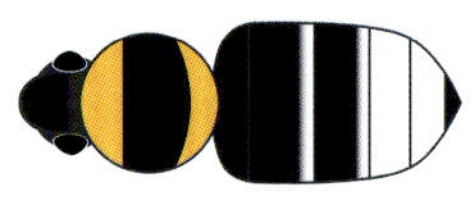

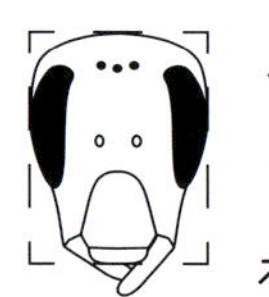

Brustbinden dunkelgelb. Weiße Behaarung des Hinterleibs ab Hinterrand von T3. Diese kann manchmal gelb sein. Hinterrand von T2 mit einer schmalen weißen Binde. Behaarung kurz und regelmäßig.
Kopf lang (Abb.). Fersenglied des Mittelbeins spitz (Abb.).

D, A, CH; selten [Tiefland bis Bergwaldstufe. Offenland]

Bombus subterraneus

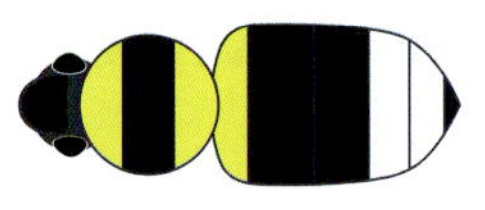

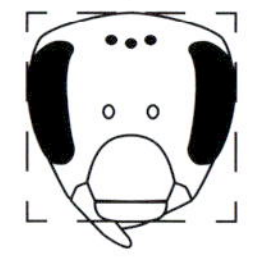

Interalarband der Brust ist ca. doppelt so breit wie die vordere gelbe Binde. Behaarung mittellang und regelmäßig.
Kopf kurz (Abb.). Fersenglied des Mittelbeins abgerundet (Abb.).

D, A, CH; selten [Tiefland bis Krummholzstufe. Offenlandart bis lockere Baum- und Gehölzbestände]

Bombus jonellus

Artenliste B12 – Hinterleib: zumindest T4 und T5 gelb behaart

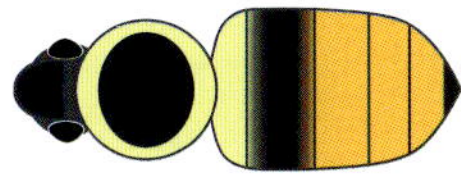

Grundfarbe überwiegend strohgelb. T2 dunkelbraun bis schwarz behaart, T3–T5 nur hell behaart.
Behaarung struppig und schütter.
D, A, CH [Bergwaldstufe bis Alpinstufe. Hochgebirge]

Grauweiße Hummel – *Bombus mucidus*

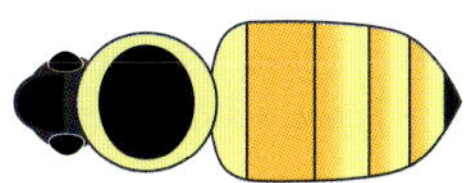

Hinterleib gelb, wobei T2 etwas dunkler ist. T3–T5 am Vorderrand dunkelgelb zu den Hinterrändern hin aufgehellt.
D, A, CH [Krummholzstufe bis Alpinstufe. Hochgebirge]

Bombus mesomelas

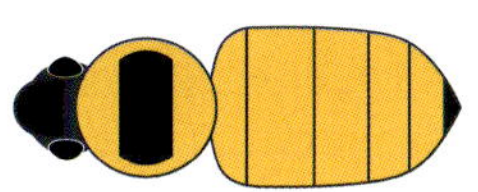

Seiten der Brust gelb behaart. Der gesamte Hinterleib, mit Ausnahme von T6, ist gelb behaart.
Behaarung kurz, samtartig.
A (Osten); ausgestorben [Tiefland. Offenland (trocken)]

Bombus armeniacus

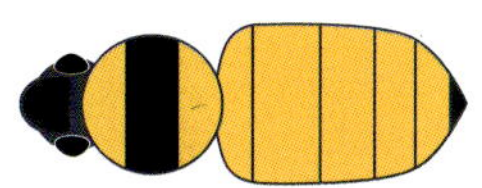

Seiten der Brust meist schwarz behaart. Der gesamte Hinterleib, mit Ausnahme von T6, ist gelb behaart.
Behaarung kurz, samtartig.
Größte europäische Hummelart.
A (Osten); ausgestorben [Tiefland. Offenland (trocken)]

Bombus fragrans

Artenliste B13 – Hinterleib: T4 und T5 weiß behaart. Brust mit einer gelben Binde. Spitze des Hinterleibs nicht zum Bauch hin gekrümmt

Die folgenden beiden Arten sind im Freiland nicht immer sicher unterscheidbar!

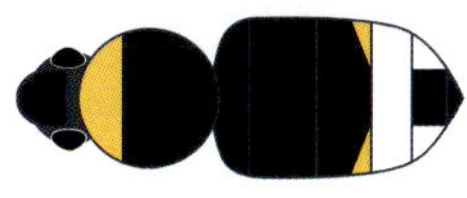

T3 am Hinterrand seitlich meist gelb behaart. Gelbe Binde dunkelgelb. Behaarung schütter, kürzer als bei *B. bohemicus*.
Wirt: *B. terrestris*
D, A, CH [Tiefland bis Hügelstufe. Offenland]

Vestalis-Kuckuckshummel – *Bombus (Psithyrus) vestalis*

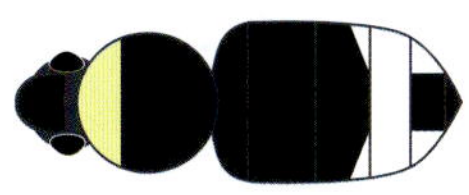

T3 am Hinterrand seitlich weiß behaart, selten gelb. Gelbe Binde strohgelb. Behaarung schütter, länger als bei *B. vestalis*.
Wirt: *B. lucorum* (*B. cryptarum*?, *B. magnus*?)
D, A, CH [Tiefland bis Bergwaldstufe. Weites Lebensraumspektrum]

Böhmische Kuckuckshummel – *Bombus (Psithyrus) bohemicus*

Artenliste B14 – Brust mit einer gelben Binde (wenn sich am Hinterrand der Brust ein schmaler „v"-förmiger Haarsaum befindet, beginnt orange Behaarung auf T2 oder Basis T3).

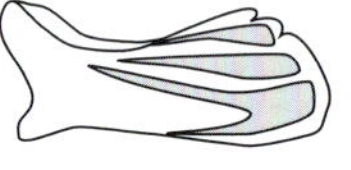

Hinterleib: Orange Behaarung ab Vorderrand T4, niemals auf T3. Binde der Brust und von T2 gelb (beides kann unterschiedlich reduziert sein). Gelbe Mesosomabinde hinten mittig mit dunkler Einkerbung. Außenseite des Fersenglieds vom Mittelbein mit kurzen dicken und langen dünnen Haaren (Abb.). Mandibel mit 2 Zähnen und geradem Kaurand (Abb.).

D, A, CH; häufig [Tiefland bis Alpinstufe. Weites Lebensraumspektrum]

Wiesenhummel – *Bombus pratorum*

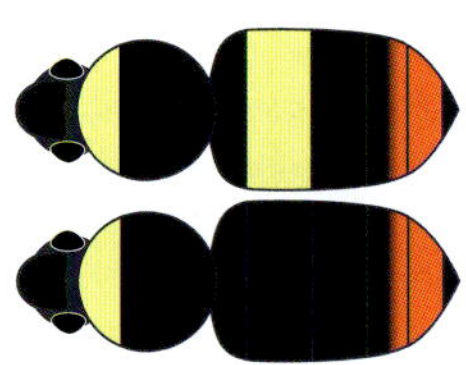

Hinterleib: Orange Behaarung erst ab der Mitte von T4. Außenseite des Fersenglieds vom Mittelbein nur mit kurzen dicken Haaren (Abb.). Mandibel mit 2 Zähnen und geradem Kaurand (Abb.).

D (nach Norden immer seltener), A und CH (häufig) [Hügelstufe bis Alpinstufe. Offenland bis lockere Baum- und Gehölzbestände]

Seltenere helle Form von:

Distelhummel – *Bombus soroeensis*

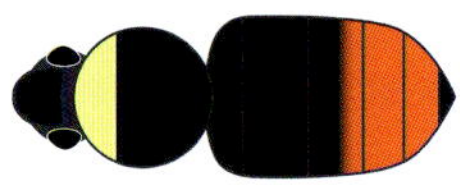

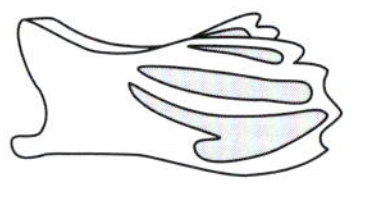

Hinterleib: Orange Behaarung ab dem Hinterrand von T3. Bei manchen Individuen helle Binde auf der Brust. Außenseite des Fersenglieds vom Mittelbein mit kurzen dicken und langen dünnen Haaren. Mandibel mit 6 Zähnen, kein gerader Kaurand.

D, A, CH [Bergwaldstufe bis Alpinstufe. Offenland bis lockere Baum- und Gehölzbestände, Hochgebirge]

Bergwaldhummel – *Bombus wurflenii*

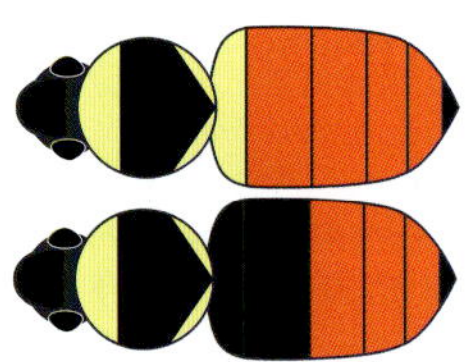

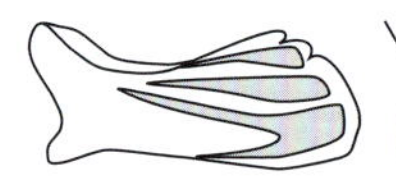

Hinterleib: Orange Behaarung ab T2 oder Vorderrand von T3. Binde auf der kopfnahen Brust und manchmal T1 gelb. Brusthinterrand mit schmalem „v"-förmigem Haarsaum. Manchmal mit teilweise gelber Clypeusbehaarung. Außenseite des Fersenglieds vom Mittelbein mit kurzen dicken und langen dünnen Haaren (Abb.). Mandibel mit 2 Zähnen und geradem Kaurand (Abb.).

D, A, CH [Bergwaldstufe bis Alpinstufe. Hochgebirge]

Berglandhummel – *Bombus monticola*

Artenliste B15 – Hinterleib: T4 und T5 orange behaart

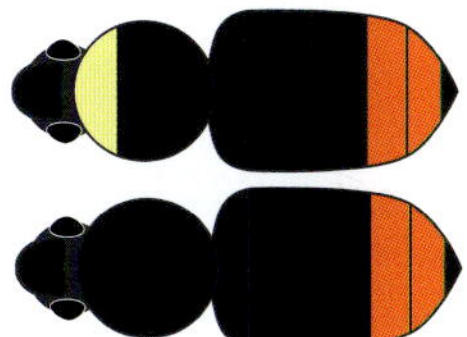

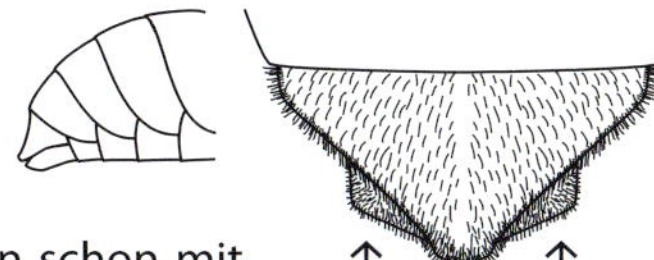

Orange Behaarung des Hinterleibs bei den meisten Individuen ab der hinteren Hälfte von T4, jedoch bei einigen Individuen schon mit Beginn von T4 bzw. erst ab T5. Behaarung schütter.
St6 mit auffallend eckigen Leisten, die bei Rückenansicht von T6 sichtbar sind (Abb.). Endsternum so lang wie Endtergum – Hinterleibsspitze nicht zum Bauch hin gekrümmt (Abb.).
Wirte: *B. lapidarius, B. sichelii* (*B. sylvarum, B. pascuorum*)
D, A, CH [Tiefland bis Alpinstufe. Lockere Baum- und Gehölzbestände]

Felsen-Kuckuckshummel - *Bombus* (*Psithyrus*) *rupestris*

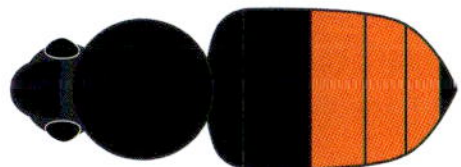

Orange Behaarung des Hinterleibs ab T3. Brust vorne manchmal mit gelben Haaren.
St6 mit schwach entwickelten Leisten, diese bei Rückenansicht von T6 nicht sichtbar. Endsternum länger als Endtergum – Hinterleibssspitze zum Bauch hin gekrümmt (Abb.).
Eine hellere Form mit weißlich aufgehelltem T3 + T4 und einer gelben Brustbinde tritt sehr selten in Norddeutschland auf.
Wirt: *B. soroeensis*
D, A, CH [Bergwaldstufe bis Krummholzstufe. Lockere Baum- und Gehölzbestände]

Bombus* (*Psithyrus*) *quadricolor

Artenliste B16 – Hinterleib: T4 und T5 schwarz oder T4 schwarz und T5 bräunlich

Brust mit einer gelben Binde. T2 und T3 mit breiter gelber Binde. T5 ist mehr oder weniger braun behaart.
A (Süden und Osten) [Tiefland bis Hügelstufe. Wälder bis lockere Baum- und Gehölzbestände] In Ausbreitung begriffen.

Bombus haematurus

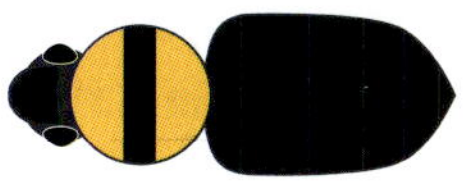

Brust mit zwei gelben Binden. Flügel sehr dunkel.
A, CH (jeweils im Süden); [Tiefland bis Bergwaldstufe. Offenland (trocken)]

***Bombus argillaceus* – Königin**

Artenliste B17 – Hinterleib: T4 und T5 weiß bzw. T4 weiß und T5 mehr oder weniger schwarz behaart. Brust mit zwei gelben Binden

B. barbutellus und *B. maxillosus* können nicht mehr als getrennte Arten betrachtet werden und wurden daher zur Art *B. barbutellus* zusammengelegt.

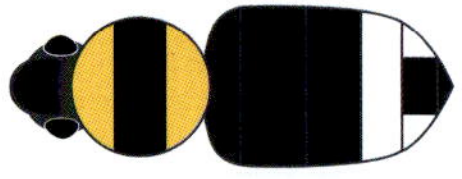

Hinterleibsende weiß, T5 jedoch oft mit schwarzen Haaren. T3 am Hinterrand seitlich teilweise mit weißen Haaren.
Wirte: *B. hortorum*, *B. argillaceus*, *B. ruderatus*, (*B. hypnorum*)
D, A, CH [Tiefland bis Bergwaldstufe. Wälder]

Bombus* (*Psithyrus*) *barbutellus

Artenliste B18 – Hinterleib: T4 und T5 weiß behaart

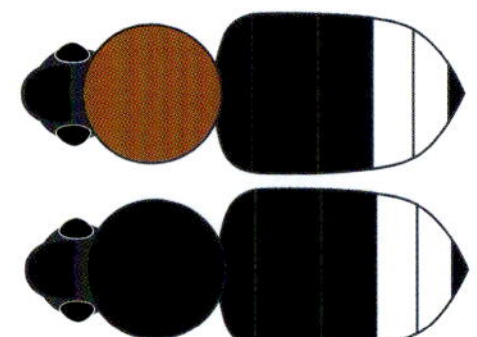

Brust braun, bei manchen Individuen schwarz. T4 und T5 des Hinterleibs weiß behaart. Nie gelbe Haare auf T1 oder T2. Fersenglied des Mittelbeins abgerundet (Abb.).
D, A, CH [Hügelstufe bis Krummholzstufe. Wälder bis lockere Baum- und Gehölzbestände]

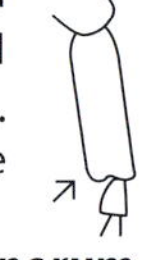

Baumhummel – *Bombus hypnorum*

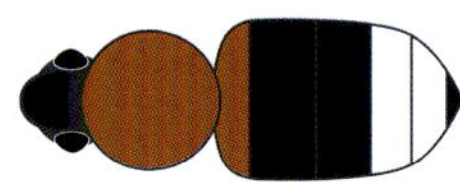

Brust und T1 des Hinterleibs braun. Weiße Behaarung ab dem Hinterrand von T3.
Sehr große Hummelart. Kopf sehr lang (Abb.).
Regulärer Blütenbesuch nur an Eisenhutarten.
D, A, CH [Bergwaldstufe bis Alpinstufe. Vorkommen an Eisenhut-Bestände (*Aconitum* sp.) gebunden]

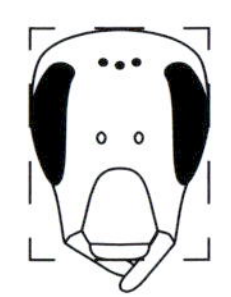

Bombus gerstaeckeri

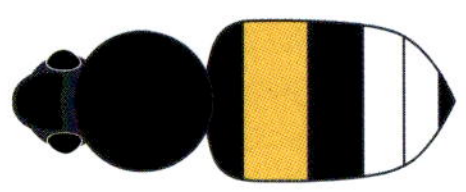

Meist gelbe Binde auf T2, zumindest aber gelbe Haare eingestreut.
D, A, CH [Tiefland bis Bergwaldstufe. Weites Lebensraumspektrum]
Seltene dunkle Form von:

Dunkle Erdhummel – *Bombus terrestris*
(evtl. *Bombus cryptarum*)

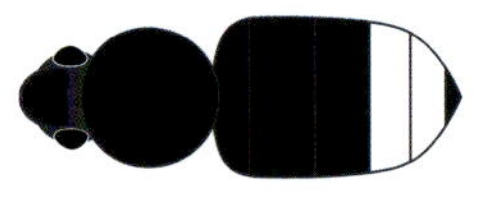

Es können gelbe Haare auf T1 vorhanden sein. T2 immer schwarz. Kopf sehr lang (Abb.). Fersenglied des Mittelbeins spitz, dornartig ausgezogen (Abb.).
D, A, CH; häufig [Tiefland bis Alpinstufe. Weites Lebensraumspektrum]
Seltene dunkle Form von:

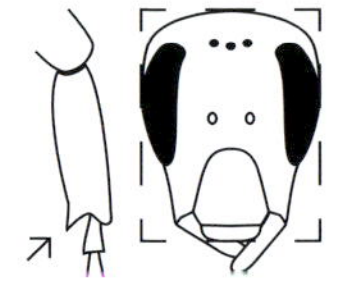

Gartenhummel – *Bombus hortorum*

Artenliste B19 – Hinterleib: T4 und T5 weiß bzw. T4 weiß und T5 mehr oder weniger schwarz behaart. Brust mit einer gelben Binde. Spitze des Hinterleibs zum Bauch hin gekrümmt. St6 länger als T6

Die folgenden drei Arten sind im Freiland nicht sicher unterscheidbar!

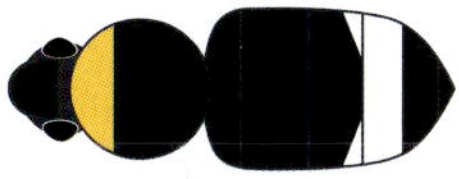

Antennenschaft kaum behaart (Abb.).
Wirte: *B. pratorum* (*B. jonellus*)
D, A, CH; häufig [Bergwaldstufe bis Krummholzstufe. Lockere Baum- und Gehölzbestände]

Bombus* (*Psithyrus*) *sylvestris

Antennenschaft dicht behaart (Abb.).
Wirt: B. hypnorum
D, A, CH [Hügelstufe bis Bergwaldstufe. Wälder bis lockere Baum- und Gehölzbestände]

Bombus* (*Psithyrus*) *norvegicus

Antennenschaft dicht behaart (Abb.).
Wirte: *B. monticola* (*B. jonellus*)
D, A, CH [Bergwaldstufe bis Krummholzstufe. Offenland bis lockere Baum- und Gehölzbestände]

Bombus* (*Psithyrus*) *flavidus

Artenliste B20 – Hinterleib: T4 und T5 gelb behaart

Hinterleib ab Hinterrand von T3 gelb behaart. In der Mitte durch schwarze Haare unterbrochen oder kahl.
Wirte: *B. pascuorum, B. humilis* (*B. pomorum, B. pratorum*)
D, A, CH [Tiefland bis Bergwaldstufe. Lockere Baum- und Gehölzbestände]

Bombus* (*Psithyrus*) *campestris

Artenliste B21 – Hinterleib: T4 und T5 weiß behaart. Brust mit einer gelben Binde

Die vier Erdhummelarten sind im Freiland schwer unterscheidbar. Bei frischen Tieren ist meist eine Abgrenzung der Dunklen Erdhummel von den drei heller gefärbten Arten des *B. lucorum*-Komplexes möglich. Diese können jedoch im Freiland nicht sicher unterschieden werden.

Brust und T2 mit gelber Binde

D, A, CH [Tiefland bis Bergwaldstufe. Weites Lebensraumspektrum]

Dunkle Erdhummel – *Bombus terrestris*

Bombus lucorum-Komplex

D, A, CH; häufig [Tiefland bis Alpinstufe. Weites Lebensraumspektrum]

Helle Erdhummel – *Bombus lucorum*

D, A, CH [Tiefland bis Alpinstufe. Offenland bis lockere Baum- und Gehölzbestände]

Bombus cryptarum

D (selten) [Tiefland bis Bergwaldstufe. Lockere Baum- und Gehölzbestände (?)]

Bombus magnus

Artenliste B22 – Hinterleib: T4 und T5 orange. Brust mit zwei gelben Binden

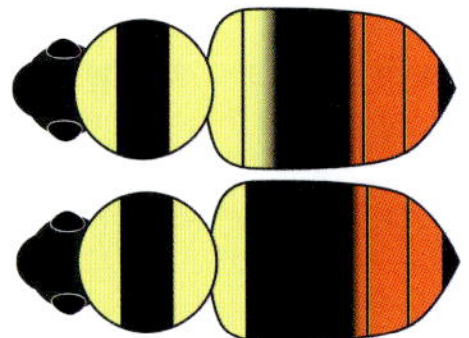

Hinterleib: Orange Behaarung ab Hinterrand von T3. Die vordere Brustbinde zieht sich meist bis auf die Bauchseite. Brust und Beine bauchseitig strohgelb behaart.
Hinterrand von T6 nicht ausgeschnitten. T6 der Königin ohne runden unbehaarten Fleck.
D, A, CH [Krummholzstufe bis Alpinstufe. Hochgebirge]

Pyrenäenhummel – *Bombus pyrenaeus*

Hinterleib: Orange Behaarung ab Vorderrand von T4. Brust und Beine bauchseitig dunkel behaart.
Hinterrand von T6 bei allen Weibchen leicht ausgeschnitten, T6 der Königin mit rundem unbehaartem Fleck (Abb.).
D, A, CH [Krummholzstufe bis Schneestufe. Hochgebirge]

Höhenhummel – *Bombus sichelii*

Artenliste B23 – Hinterleib: orange Behaarung ab T2 oder T3

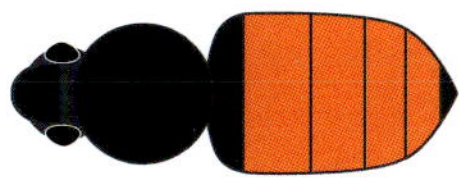

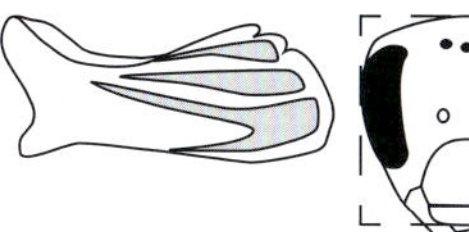

Hinterleib: Orange Behaarung ab T2. Kopf kurz (Abb.). Mandibel mit 2 Zähnen und geradem Kaurand (Abb.).

D (ausgestorben), A, CH [Alpinstufe bis Schneestufe. Hochgebirge]

Bombus alpinus

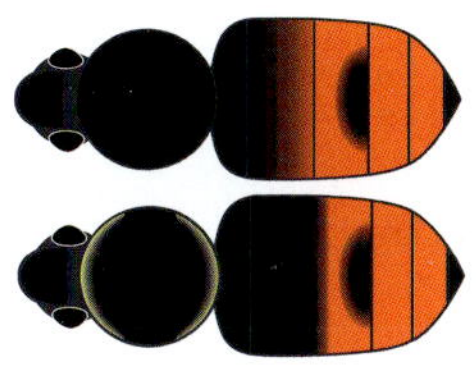

Hinterleib: Orange Behaarung ab T2 bzw. T3. Behaarung von T2 und T3 meist mit schwarzen Haaren durchmischt. Bei Arbeiterinnen Brust teilweise mit hellen Haaren. Kopf lang (Abb.), Mandibel mit 2 Zähnen und geradem Kaurand (Abb.).

D, A, CH, selten [Tiefland bis Bergwaldstufe. Lockere Baum- und Gehölzbestände]

Bombus pomorum

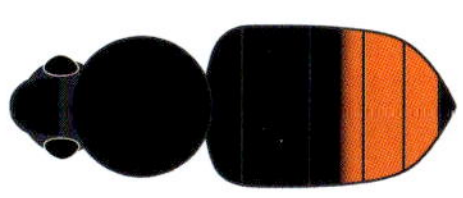

Hinterleib: Orange Behaarung ab Mitte von T3.
Kopf kurz (Abb.), Mandibel mit 6 Zähnen, kein gerader Kaurand (Abb.).

D, A, CH [Bergwaldstufe bis Alpinstufe. Offenland bis lockere Baum- und Gehölzbestände, Hochgebirge]

Bergwaldhummel – *Bombus wurflenii*

Artenliste B24 – Hinterleib: orange Behaarung ab T4

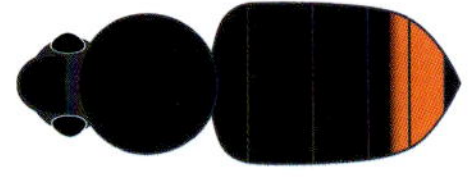

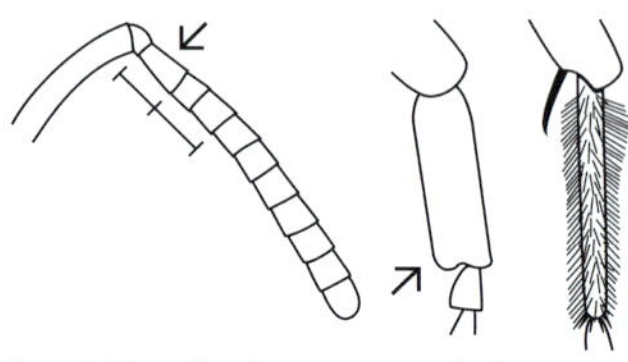

Orange Behaarung des Hinterleibs erst ab der Mitte von T4. Nur die letzten Sterna orange behaart. Pollenkörbchenhaare schwarz, höchstens die Spitzen aufgehellt. Außenseite des Fersenglieds des Mittelbeins nur mit kurzen dicken Haaren, jenes abgerundet (Abb.). Bei allen anderen Arten in dieser Tabelle Außenseite des Fersenglieds des Mittelbeins mit kurzen dicken und langen dünnen Haaren. Drittes Antennenglied kürzer als das 4. und 5. zusammen (Abb.).

D (nach Norden immer seltener), A und CH (häufig) [Hügelstufe bis Alpinstufe. Offenland bis lockere Baum- und Gehölzbestände]

Distelhummel – *Bombus soroeensis*

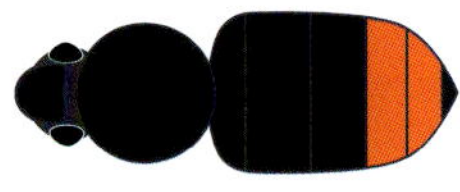

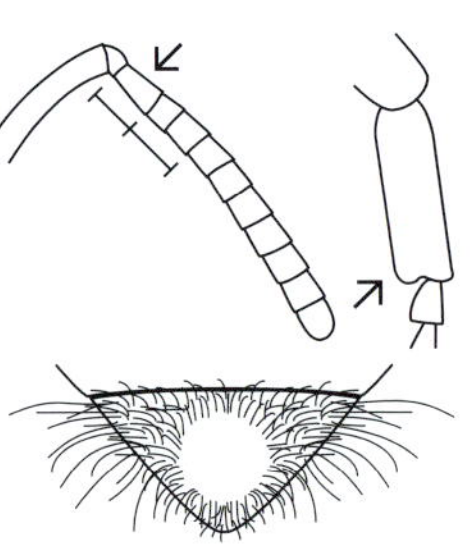

Nur die letzten Sterna des Hinterleibs orange behaart. Pollenkörbchenhaare schwarz, höchstens die Spitzen aufgehellt. Kopfnahe Brust nie mit gelben Haaren (vergl. *B. pratorum*). Fersenglied des Mittelbeins abgerundet (Abb.). Drittes Antennenglied kürzer als das 4. und 5. zusammen (Abb.). Bei Königinnen T6 mit haarloser kreisrunder Erhebung (Abb.).

D, A, CH; häufig [Tiefland bis Bergwaldstufe. Weites Lebensraumspektrum]

Steinhummel – *Bombus lapidarius*

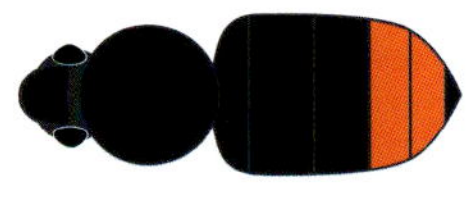

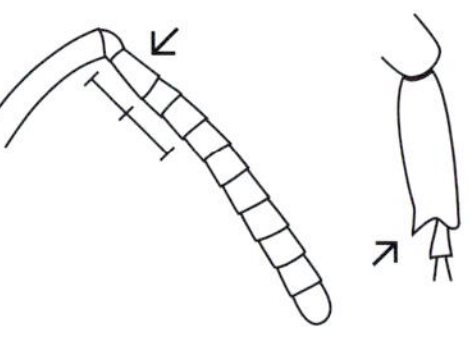

Nur die letzten Sterna des Hinterleibs orange behaart. Pollenkörbchenhaare deutlich orange gefärbt. Manchmal 2 undeutliche helle Binden auf der Brust und/oder T2 hell. Fersenglied des Mittelbeins spitz, dornartig ausgezogen (Abb.). Drittes Antennenglied kürzer als das 4. und 5. zusammen (Abb.).

D, A, CH [Tiefland bis Alpinstufe. Offenland bis lockere Baum- und Gehölzbestände]

Bombus ruderarius

Fortsetzung nächste Seite

Artenliste B24 – Fortsetzung

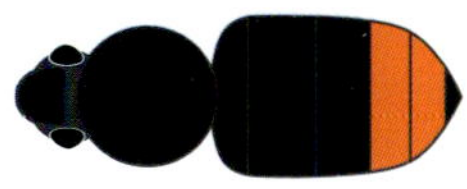

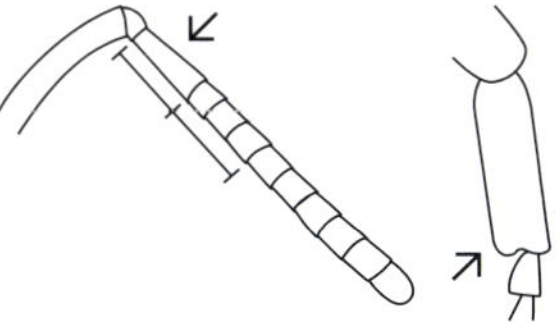

Nur die letzten Sterna des Hinterleibs orange behaart. Pollenkörbchenhaare deutlich orange gefärbt. Oft helle Haare im „Gesicht". Brust und T1 oft mit gelben Haaren.
Fersenglied des Mittelbeins abgerundet (Abb.). Drittes Antennenglied fast so lang wie 4., 5. und 6. zusammen (Abb.).
D, A, CH [Krummholzstufe bis Schneestufe. Hochgebirge]
Seltene dunkle Form von:

Trughummel – *Bombus mendax*

Alle Sterna des Hinterleibs orange behaart. Pollenkörbchenhaare schwarz, höchstens die Spitzen aufgehellt. Behaarung sehr kurz, wie geschoren.

Fersenglied des Mittelbeins abgerundet (Abb.). Drittes Antennenglied nur wenig länger als das 4. und 5. zusammen (Abb.).
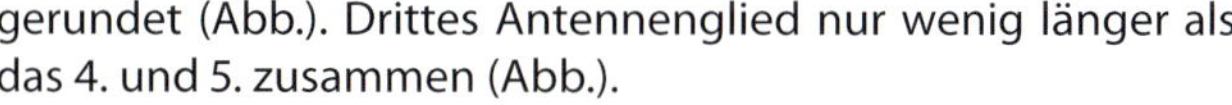
D, A, CH; selten [Tiefland bis Bergwaldstufe. Offenland]

Bombus confusus

Ist wie die anderen Hummeln in dieser Artentabelle schwarz orange gefärbt. Um die Tabelle zu vereinfachen, wird diese ausgestorbene Art hier nicht berücksichtigt.
D (Norden); ausgestorben

Bombus cullumanus

Schlüssel C: Drohnen mit hell behaartem Kopfschild

C1	Hinterleib: T4 bis T6 weiß behaart. **Artenliste C9** (Seite 39)
C1*	Hinterleib: T4 bis T6 gelb bis braun behaart. → **C2**
C1**	Hinterleib: T4 bis T6 orange behaart (bei manchen Arten T4 teilweise oder ganz schwarz). → **C4**
C1***	Hinterleib: T4 + T5 schwarz und T6 braun oder schwarz behaart. **Artenliste C10** (Seite 40)
C2	Hinterleib stroh- bis dunkelgelb, bei manchen Arten mit schwarzen Haaren durchmischt. Brust mit schwarzem Interalarband oder Mittelfleck. → **C3**
C2*	Hinterleib bräunlich, in unterschiedlichem Maße mit schwarzen und/oder gelben Binden oder Übergängen. Brust braun oder schwarz (bei *B. humilis* kann die schwarze Brust schmal von gelben Haaren umgeben sein!). **Artenliste C13** (Seite 41)
C3	Hinterleib gelb, nur T7 (eventuell T6) mit schwarzen Haaren. **Artenliste C7** (Seite 37)
C3*	Hinterleib gelb, neben T7 noch andere Terga mit schwarzen Haaren. **Artenliste C11** (Seite 40)
C4	Brust einfarbig schwarz oder gelb. **Artenliste C12** (Seite 41)
C4*	Brust mit einer gelben Binde. → **C5**
C4**	Brust mit zwei gelben Binden oder gelb mit schwarzem Mittelfleck. **Artenliste C8** (Seite 38)
C5	Hinterleib: orange Behaarung ab T2 oder T3. **Artenliste C14** (Seite 42)
C5*	Hinterleib: orange Behaarung ab T4. **Artenliste C6** (Seite 37)

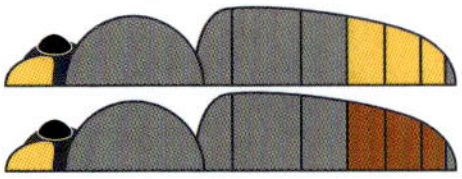

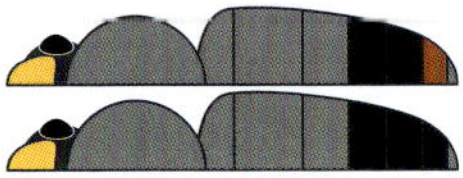

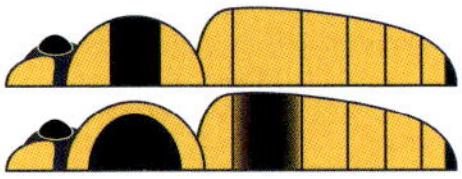

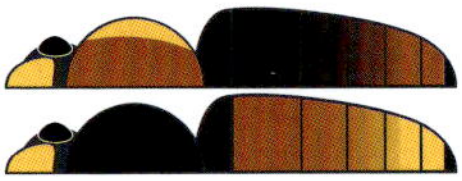

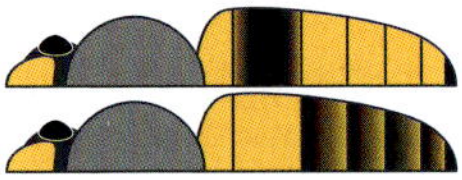

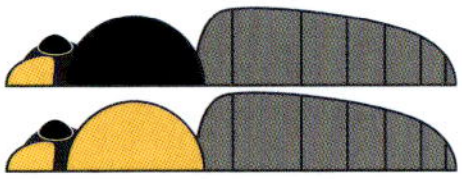

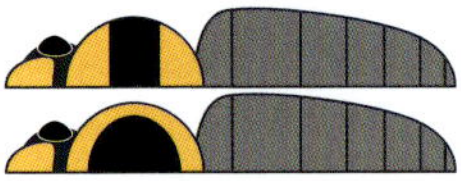

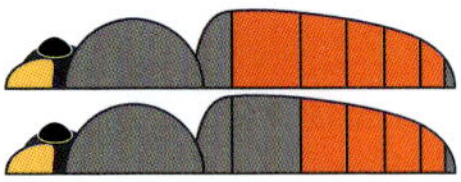

Artenliste C6 – Hinterleib: orange Behaarung ab T4

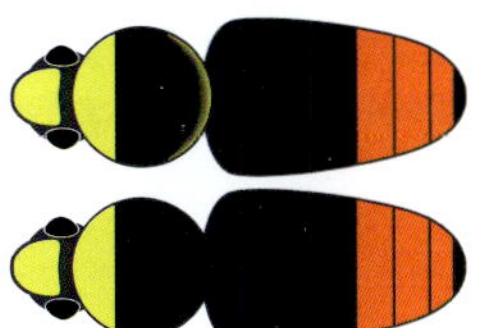

Gelbe Kopfschildbehaarung kontrastiert deutlich mit der übrigen dunklen „Gesichtsbehaarung" – diese vor allem oberhalb der Antennenbasis schwarz. Orange Behaarung kann bei älteren Individuen bis hin zu Gelb ausbleichen.

D, A, CH; häufig [Tiefland bis Bergwaldstufe. Weites Lebensraumspektrum]

Steinhummel – *Bombus lapidarius*

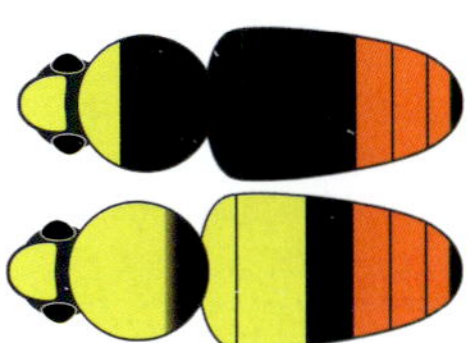

„Gesicht" wenig kontrastreich gelb behaart – auch oberhalb der Antennenbasis +/- gelb. Orange Behaarung ab Vorder- oder Hinterrand von T4. T1 + T2 oft gelb behaart.

D, A, CH; häufig [Tiefland bis Alpinstufe. Weites Lebensraumspektrum]

Seltene dunkle Form von:

Wiesenhummel – *Bombus pratorum*

Artenliste C7 – Hinterleib gelb, nur T7 (eventuell T6) mit schwarzen Haaren

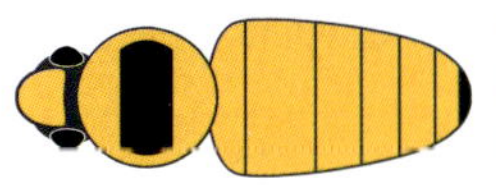

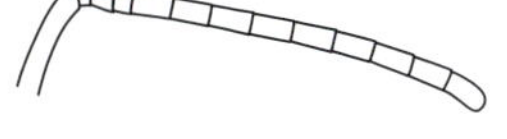

Vorder- und Hinterrand des Interalarbands parallel. T6 ohne schwarze Haare

Antennenglieder parallelseitig (Abb.).

D, A, CH (jeweils im Norden); sehr selten [Tiefland bis Buchenwaldstufe. Offenland]

Bombus distinguendus

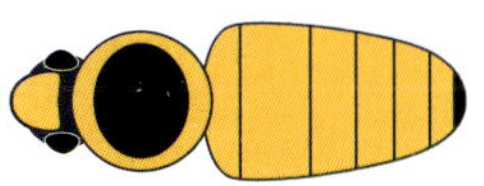

Mittelfleck der Brust oval. T6 ohne schwarze Haare.

Antennenglieder stark bogig erweitert (Abb.).

A (Osten); wahrscheinlich ausgestorben [Tiefland. Offenland (trocken)]

Bombus laesus

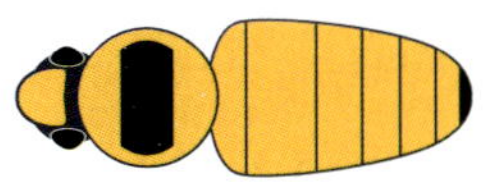

Vorder- und Hinterrand des Interalarbands parallel. Auf T6 schwarze und gelbe Haare vermischt.

Antennenglieder leicht bogig erweitert (Abb.). Größte Hummelart Europas.

A (Osten); ausgestorben [Tiefland. Offenland (trocken)]

Bombus fragrans

Artenliste C8 – Brust mit zwei gelben Binden oder gelb mit schwarzem Mittelfleck

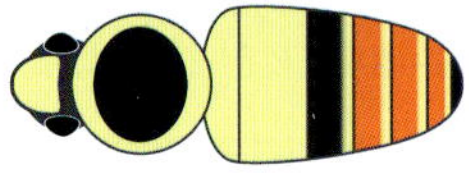

Alle Terga des Hinterleibs am Hinterrand strohgelb behaart.
Augen normal groß, seitliche Punktaugen mehr als doppelten Punktaugendurchmesser vom Augeninnenrand entfernt (Abb.).
D, A, CH [Tiefland bis Bergwaldstufe. Lockere Baum- und Gehölzbestände]

Bunthummel – *Bombus sylvarum*

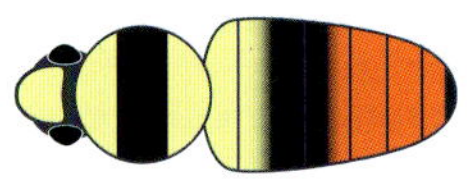

Orange Behaarung ab Hinterrand von T3. „Gesicht" wenig kontrastreich gelb behaart – auch oberhalb der Antennenbasis +/- gelb.
Augen normal groß, seitliche Punktaugen mehr als doppelten Punktaugendurchmesser vom Augeninnenrand entfernt (Abb.).
D, A, CH [Krummholzstufe bis Alpinstufe. Hochgebirge]

Pyrenäenhummel – *Bombus pyrenaeus*

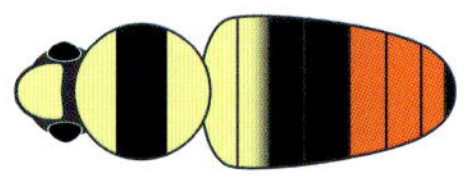

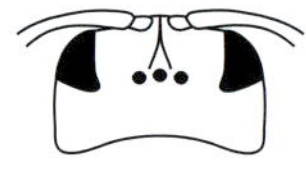

Orange Behaarung ab Vorderrand von T4. Gelbe Kopfschildbehaarung kontrastiert deutlich mit der übrigen dunklen „Gesichtsbehaarung" – diese vor allem oberhalb der Antennenbasis schwarz.
Augen normal groß, seitliche Punktaugen mehr als doppelten Punktaugendurchmesser vom Augeninnenrand entfernt (Abb.).
D, A, CH [Krummholzstufe bis Schneestufe. Hochgebirge]

Höhenhummel – *Bombus sichelii*

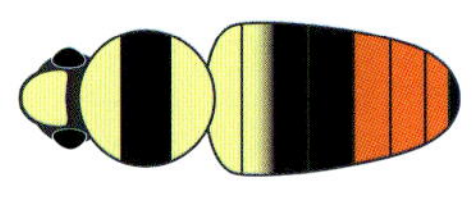

Augen sehr groß, seitliche Punktaugen daher nur einfachen Punktaugendurchmesser vom Augeninnenrand entfernt (Abb.). Verhaltensmerkmal: sitzt auffällig auf Warten und verfolgt fliegende Objekte.
D, A, CH [Krummholzstufe bis Schneestufe. Hochgebirge]

Trughummel – *Bombus mendax*

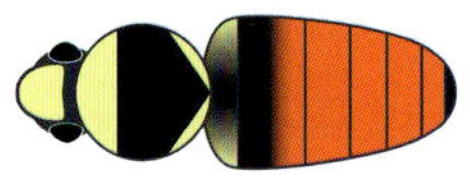

Hinterleib ab T2 orange behaart. Hintere gelbe Brustbinde „v"-förmig.
Augen normal groß, seitliche Punktaugen mehr als doppelten Punktaugendurchmesser vom Augeninnenrand entfernt (Abb.).
D, A, CH [Bergwaldstufe bis Alpinstufe. Hochgebirge]

Berglandhummel – *Bombus monticola*

Fortsetzung nächste Seite

Artenliste C8 (Fortsetzung)

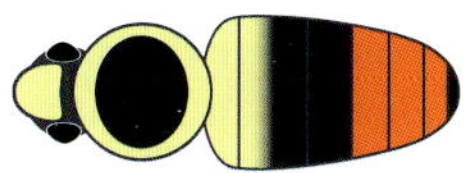

Augen normal groß, seitliche Punktaugen mehr als doppelten Punktaugendurchmesser vom Augeninnenrand entfernt (Abb.).

A (Süden), CH [Bergwaldstufe bis Alpinstufe. Hochgebirge]

Bombus inexspectatus

Ist ähnlich wie die anderen Hummeln in dieser Artentabelle gefärbt. Um die Tabelle zu vereinfachen, wird diese ausgestorbene Art hier nicht berücksichtigt.

D (Norden); ausgestorben

Bombus cullumanus

Artenliste C9 – Hinterleib: T4 bis T6 weiß behaart

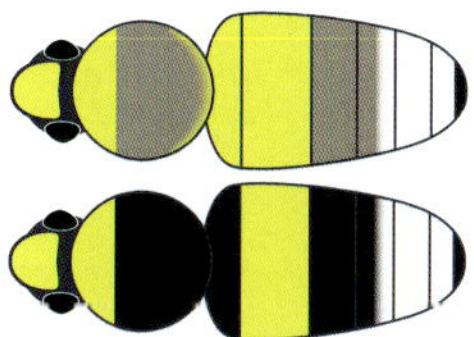

Schwarze Haare von Hinterleib und Brust meist mit weißen Spitzen, Gesamteindruck daher oft grau. T1 oft schwarz (nicht gelb). Brust mit einer gelben Binde. Gesamtes „Gesicht" gelb behaart.

D, A, CH; häufig [Tiefland bis Alpinstufe. Weites Lebensraumspektrum]

Helle Erdhummel – *Bombus lucorum*

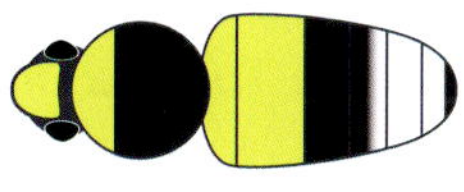

Zumindest schwarze Behaarung des Hinterleibs ohne weiße Spitzen. T1 fast immer gelb. Brust mit einer gelben Binde. Nur Kopfschild ist gelb behaart.

D (selten) [Tiefland bis Bergwaldstufe. Lockere Baum- und Gehölzbestände (?)]

Bombus magnus

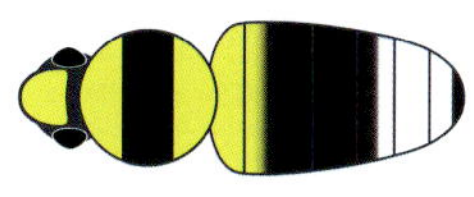

Brust mit zwei gelben Binden, manchmal völlig gelb. T2 zumindest am Vorderrand gelb. Weiße Behaarung beginnt auf der hinteren Hälfte von T4.

D, A, CH; selten [Tiefland bis Krummholzstufe. Offenlandart bis lockere Baum- und Gehölzbestände]

Bombus jonellus

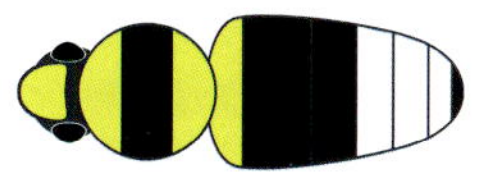

Brust mit zwei gelben Binden. T2 schwarz. Weiße Behaarung ab dem Vorderrand von T4.

A, D; selten [Tiefland bis Hügelstufe. Offenland]

Bombus semenoviellus

Artenliste C10 – Hinterleib: T4 und T5 schwarz, T6 braun oder schwarz behaart

Eine breite gelbe Binde auf dem Hinterleib (T2 + T3), Haare auf T6 + T7 bräunlich bis rostrot. Die gelbe Behaarung kann auf T1 und T4 ausgedehnt sein. Die Brust kann ganz gelb behaart sein.

A (Süden und Osten) [Tiefland bis Hügelstufe. Wälder bis lockere Baum- und Gehölzbestände] In Ausbreitung begriffen.

Bombus haematurus

Artenliste C11 – Hinterleib gelb, neben T7 andere Terga mit schwarzen Haaren

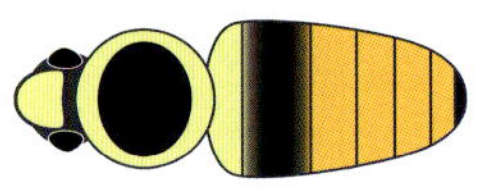

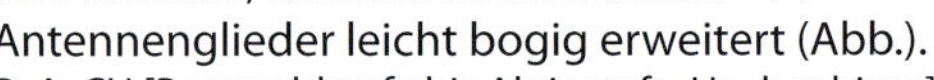

T2 dunkel behaart, sonst ganzer Hinterleib strohgelb. Behaarung lang und schütter, Kuticula scheint durch. Antennenglieder leicht bogig erweitert (Abb.).

D, A, CH [Bergwaldstufe bis Alpinstufe. Hochgebirge]

Grauweiße Hummel – *Bombus mucidus*

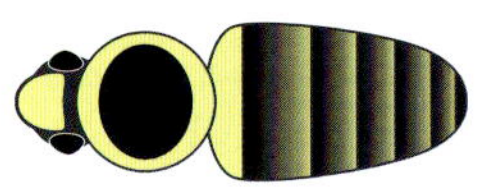

T2–T5 mit einer Reihe schwarzer und einer Reihe strohgelber Haare. T6 hauptsächlich schwarz oder braun. Antennenglieder stark bogig erweitert (Abb.).

D, A, CH [Tiefland bis Buchenwaldstufe. Offenland]

Bombus veteranus

Hinterleib gelbbraun behaart, zumindest auf T2, T3 und T6 mit schwarzen Haaren. Antennenglieder parallelseitig (Abb.).

D, A, CH; selten [Tiefland bis Bergwaldstufe. Offenland]

Bombus subterraneus

Artenliste C12 – Brust einfarbig schwarz oder gelb

Brust in Kopfnähe oft gelbe Haare eingestreut. Orange Behaarung kann bei älteren Individuen bis hin zu Gelb ausbleichen.
D, A, CH; häufig [Tiefland bis Bergwaldstufe. Weites Lebensraumspektrum]

Steinhummel – *Bombus lapidarius*

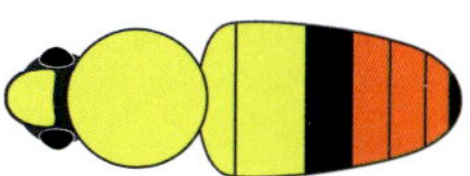

Orange Behaarung ab Vorder- oder Hinterrand von T4.
D, A, CH; häufig [Tiefland bis Alpinstufe. Weites Lebensraumspektrum]

Wiesenhummel – *Bombus pratorum*

Artenliste C13 – Gesamter Hinterleib bräunlich, in unterschiedlichem Maße mit schwarzen und/oder gelben Binden oder Übergängen

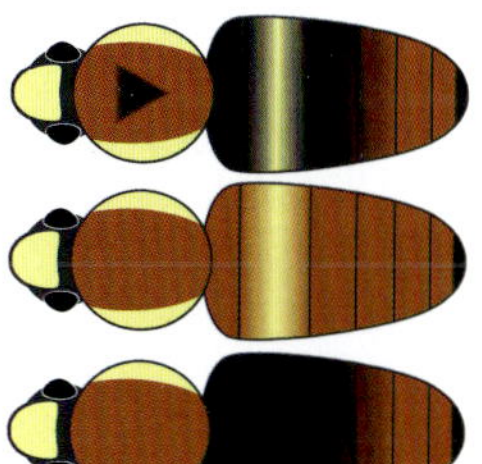

Individuen sehr variabel gefärbt. Tendenziell ist die Behaarung des zweiten Tergums mehr oder weniger mit gelben Haaren gemischt. Die Färbung des Hinterleibs wird zum Hinterende hin braun. Nicht immer sicher von *B. humilis* unterscheidbar.
D, A, CH; häufig [Tiefland bis Bergwaldstufe. Offenland bis lockere Baum- und Gehölzbestände]

Ackerhummel – *Bombus pascuorum*

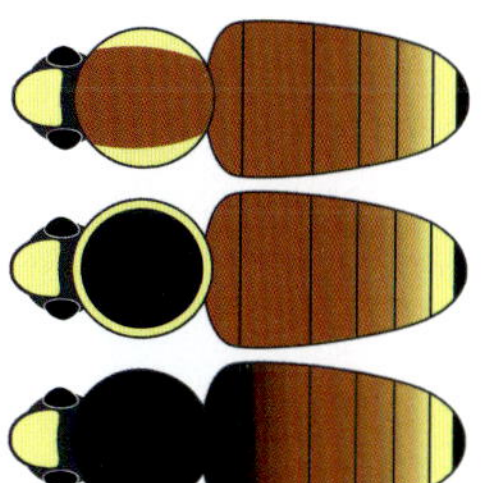

Individuen sehr variabel gefärbt. Tendenziell ist das zweite Tergum mehr oder weniger braun behaart. Die Färbung des Hinterleibs wird zum Hinterende hin gelb. Nicht immer sicher von *B. pascuorum* unterscheidbar.
D, A, CH [Tiefland bis (untere) Bergwaldstufe. Offenland bis lockere Baum- und Gehölzbestände]

Veränderliche Hummel – *Bombus humilis*

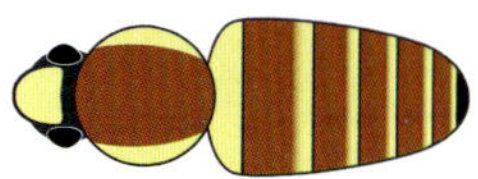

Der gesamte Körper ist relativ einheitlich braun, wobei die Hinterränder der Terga heller behaart sind. Brust und Hinterleib bis inkl. T6 ohne schwarze Haare.
D, A, CH; selten [Tiefland bis Buchenwaldstufe. Offenland (feucht)]

Bombus muscorum

Artenliste C14 – Hinterleib: orange Behaarung ab T2 oder T3

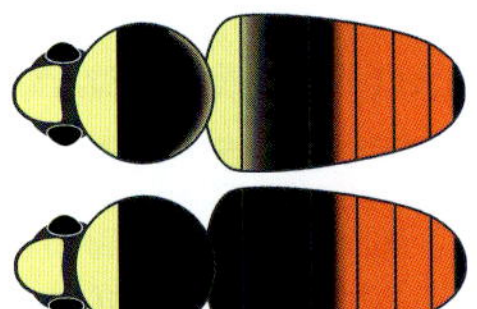

Orange Behaarung ab Mitte T3.

D, A, CH [Bergwaldstufe bis Alpinstufe. Offenland bis lockere Baum- und Gehölzbestände, Hochgebirge]

Bergwaldhummel – *Bombus wurflenii*

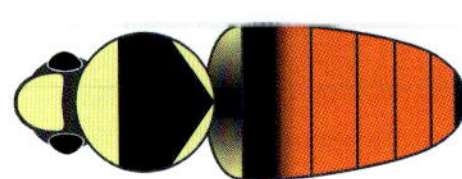

Orange Behaarung ab T2. Hinterrand der Brust „V-förmig" gelb behaart.

D, A, CH [Bergwaldstufe bis Alpinstufe. Hochgebirge]

Berglandhummel – *Bombus monticola*

Artenliste D1 – Drohnen mit braun behaartem Kopfschild

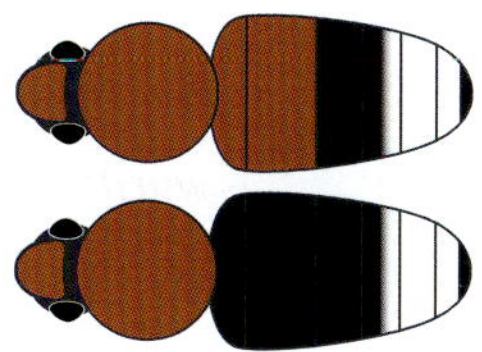

Ausdehnung der braunen Behaarung am Hinterleib variabel. Die braune Behaarung von Brust und Hinterleib kann stark verdunkelt sein und fast schwarz erscheinen.

D, A, CH [Hügelstufe bis Krummholzstufe. Wälder bis lockere Baum- und Gehölzbestände]

Baumhummel – *Bombus hypnorum*

Schlüssel E: Drohnen mit schwarz behaartem Kopfschild

E1	Hinterleib: T4 bis T6 weiß behaart bzw. T4 und T5 weiß, T6 mehr oder weniger schwarz behaart. → **E2**
E1*	Hinterleib: T4 bis T6 gelb behaart. → **E5**
E1**	Hinterleib: T4 bis T6 orange behaart. → **E6**
E1***	Hinterleib: T4 weiß oder gelb, T5 schwarz, T6 orange behaart. **Artenliste E8** (Seite 46)
E2	Brust einfarbig braun behaart. **Artenliste E11** (Seite 47)
E2*	Brust mit einer gelben Binde. → **E3**
E2**	Brust mit zwei gelben Binden. → **E4**
E3	T2 mit deutlicher gelber Binde. Schienen der Hinterbeine außen eher flach, mit haarloser glänzender Fläche (Abb.). **Artenliste E19** (Seite 51)
E3*	T2 ohne deutliche gelbe Binde. Schienen der Hinterbeine außen gebogen, dicht behaart (Abb.). **Artenliste E12** (Seite 48)
E4	Kopf kurz. Schienen der Hinterbeine außen gebogen, dicht behaart (Abb.). **Artenliste E9** (Seite 46)
E4*	Kopf lang. Schienen der Hinterbeine außen eher flach, mit haarloser glänzender Fläche (Abb.). **Artenliste E13** (Seite 48)

E5	Hinterleib gelb behaart, nur T7 mit schwarzen Haaren. Kein Kieferbart (Abb.). **Artenliste E17** (Seite 50)
E5*	Hinterleib gelb behaart, neben T7 noch andere Terga mit schwarzen Haaren. Kieferbart vorhanden (Abb.). **Artenliste E14** (Seite 49)
E6	Brust schwarz behaart, ohne deutliche helle Binden. → **E7**
E6*	Brust mit einer gelben Binde. **Artenliste E18** (Seite 51)
E6**	Brust mit zwei gelben Binden. **Artenliste E15** (Seite 49)
E7	Schienen der Hinterbeine außen gebogen, dicht behaart (Abb.). **Artenliste E16** (Seite 50)
E7*	Schienen der Hinterbeine außen eher flach, mit haarloser glänzender Fläche (Abb.). **Artenliste E10** (Seite 47)

Artenliste E8 – Hinterleib: T4 weiß oder gelb, T5 schwarz, T6 orange behaart

Die folgenden Arten sind im Freiland nicht sicher unterscheidbar!

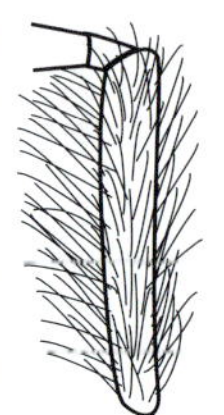

Antennenschaft stark behaart (Abb.). Die letzten 8 Antennenglieder etwa 2 mal so lang wie breit. Sternum 7 mit zwei Höckern.

Wirtsart: *B. hypnorum*

D, A, CH [Hügelstufe bis Bergwaldstufe. Wälder bis lockere Baum- und Gehölzbestände]

Bombus (Psithyrus) norvegicus

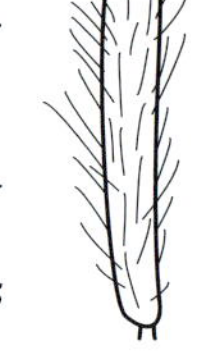

Antennenschaft spärlich behaart (Abb.). Die letzten 8 Antennenglieder ca. 1,5 mal so lang wie breit. Sternum 7 mit zwei Höckern.

Wirte: *B. pratorum* (*B. jonellus*)

D, A, CH; häufig [Bergwaldstufe bis Krummholzstufe. Lockere Baum- und Gehölzbestände]

Bombus (Psithyrus) sylvestris

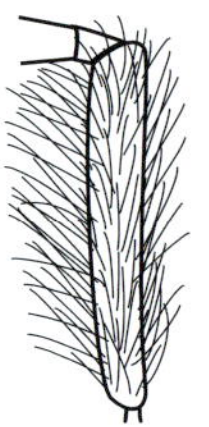

Antennenschaft stark behaart (Abb.). Die letzten 8 Antennenglieder ca. 1,5 mal so lang wie breit. Sternum 7 ohne Höcker. Nur in den Alpen zu erwarten.

Wirte: *B. monticola* (*B. jonellus*)

D, A, CH [Bergwaldstufe bis Krummholzstufe. Offenland bis lockere Baum- und Gehölzbestände]

Bombus (Psithyrus) flavidus

Artenliste E9 – Hinterleib: T4 und T5 weiß, T6 +/- schwarz behaart. Brust mit zwei gelben Binden. Kopf kurz. Schienen der Hinterbeine außen gebogen, dicht behaart

B. barbutellus und *B. maxillosus* können nicht mehr als getrennte Arten betrachtet werden und wurden daher zur Art *B. barbutellus* zusammengelegt.

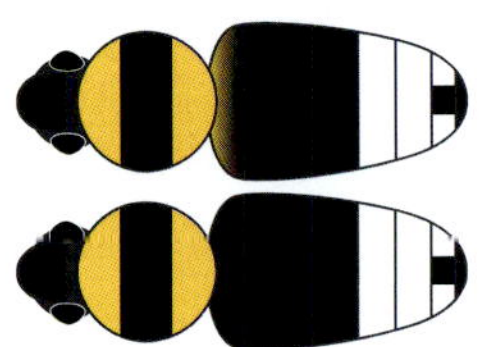

Wirte: *B. hortorum*, *B. argillaceus*, *B. ruderatus* (*B. hypnorum*)

D, A, CH [Tiefland bis Bergwaldstufe. Wälder]

Bombus (Psithyrus) barbutellus

Artenliste E10 – Hinterleib: T4 bis T6 orange. Brust einfarbig schwarz. Schienen der Hinterbeine außen eher flach, mit haarloser glänzender Fläche

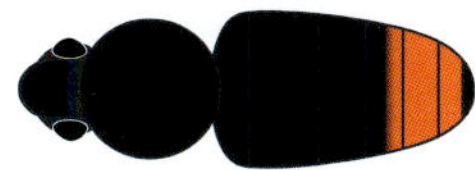

Brust seitlich deutlich gelb behaart. Orange Behaarung des Hinterleibs ab Mitte von T4. Behaarung mittellang.
Augen normal groß, Seitenpunktaugen mindestens doppelten Punktaugendurchmesser vom Augeninnenrand entfernt (Abb.).

D (nach Norden immer seltener), A und CH (häufig) [Hügelstufe bis Alpinstufe. Offenland bis lockere Baum- und Gehölzbestände]
Seltene dunkle Form von:

Distelhummel – *Bombus soroeensis*

Brust seitlich schwarz behaart. Orange Behaarung des Hinterleibs ab Beginn von T4. Behaarung sehr kurz, wie geschoren.
Augen auffällig groß, daher Seitenpunktaugen nur einfachen Punktaugendurchmesser vom Augeninnenrand entfernt (Abb.). Verhaltensmerkmal: Sitzt auffällig auf Warten und verfolgt fliegende Objekte.

D, A, CH; selten [Tiefland bis Bergwaldstufe. Offenland]
Seltene dunkle Form von:

Bombus confusus

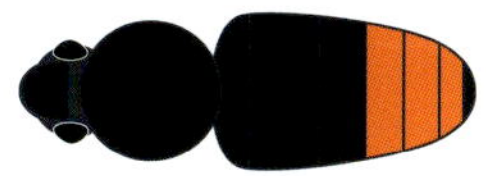

Brust seitlich schwarz behaart. Orange Behaarung des Hinterleibs ab Beginn von T4. Behaarung lang.
Augen normal groß, Seitenpunktaugen mindestens doppelten Punktaugendurchmesser vom Augeninnenrand entfernt (Abb.).

D, A, CH [Tiefland bis Alpinstufe. Offenland bis lockere Baum- und Gehölzbestände]

Bombus ruderarius

Artenliste E11 – Hinterleib: T4 bis T6 weiß behaart. Brust einfarbig braun

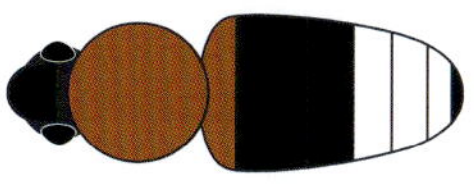

Kopf sehr lang. Regulärer Blütenbesuch nur an Eisenhutarten.

D, A, CH [Bergwaldstufe bis Alpinstufe. Vorkommen an Eisenhut-Bestände (*Aconitum* sp.) gebunden]

Bombus gerstaeckeri

Artenliste E12 – Hinterleib: T4 und T5 weiß, T6 mehr oder weniger schwarz behaart, T2 ohne deutliche gelbe Binde. Schienen der Hinterbeine außen gebogen, dicht behaart.

Die folgenden Arten sind im Freiland nicht immer sicher unterscheidbar!

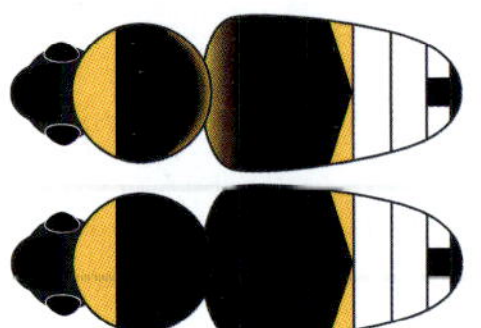

Das 3. und 4. Antennenglied sind zusammen etwa so lang wie das fünfte (Abb.). Behaarung kurz.

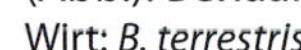

Wirt: *B. terrestris*

D, A, CH [Tiefland bis Hügelstufe. Offenland]

Vestalis-Kuckuckshummel – *Bombus* (*Psithyrus*) *vestalis*

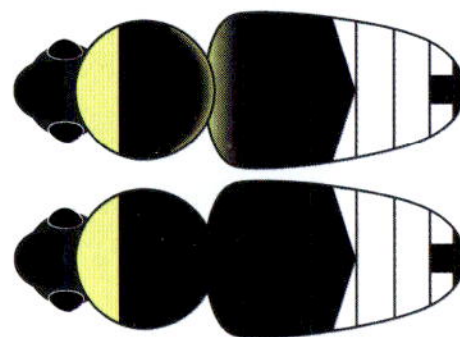

In weiße Haare auf T3 sind manchmal gelbe eingemischt.
Das 3. und 4. Antennenglied sind zusammen deutlich länger als das fünfte (Abb.). Behaarung lang.

Wirt: *B. lucorum* (*B. cryptarum*?, *B. magnus*?)

D, A, CH [Tiefland bis Bergwaldstufe. Weites Lebensraumspektrum]

Böhmische Kuckuckshummel – *Bombus* (*Psithyrus*) *bohemicus*

Artenliste E13 – Hinterleib: T4 bis T6 weiß behaart. Brust mit zwei gelben Binden. Kopf lang. Schienen der Hinterbeine außen eher flach, mit haarloser glänzender Fläche

Gelbe Binden der Brust breiter als schwarzes Interalarband. Vorderrand der hinteren Brustbinde gerade. Behaarung regelmäßig.

A , CH (im Süden); [Tiefland bis Bergwaldstufe. Offenland (trocken)]

Bombus argillaceus

Die beiden folgenden Arten sind im Freiland nicht sicher unterscheidbar.

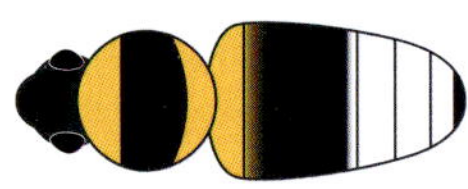

T6 nur am Vorderrand weiß behaart. Gelbe Binden der Brust schmaler als Interalarband. Vorderrand der hinteren Brustbinde gebogen. Behaarung unregelmäßig.

D, A, CH; häufig [Tiefland bis Alpinstufe. Weites Lebensraumspektrum]

Gartenhummel – *Bombus hortorum*

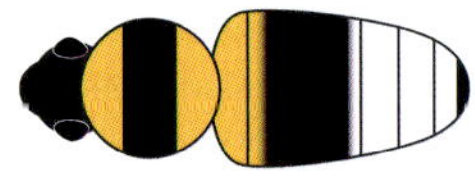

T6 ganz oder großteils weiß behaart. Vorderrand der hinteren Brustbinde gerade. Behaarung regelmäßig.

D, A, CH; selten [Tiefland bis Hügelstufe. Offenland]

Bombus ruderatus

Artenliste E14 – Hinterleib gelb behaart, mit schwarzer Binde. Kieferbart vorhanden

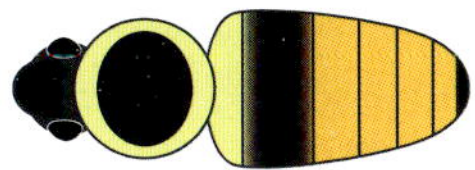

T2 dunkel, restlicher Hinterleib gelb behaart.
Behaarung lang und schütter. Kopf lang (Abb.). Schienen der Hinterbeine außen eher flach, mit haarloser glänzender Fläche (Abb.).

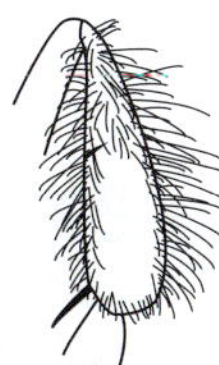

D, A, CH [Bergwaldstufe bis Alpinstufe. Hochgebirge]

Grauweiße Hummel – *Bombus mucidus*

Gelbe Behaarung der Brust kann verdunkelt sein.
Kopf kurz (Abb.). Schienen der Hinterbeine außen gebogen, dicht behaart (Abb).

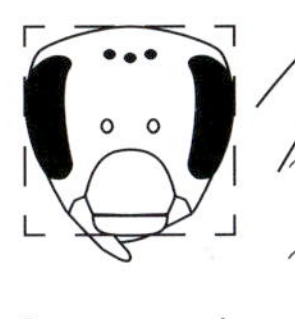

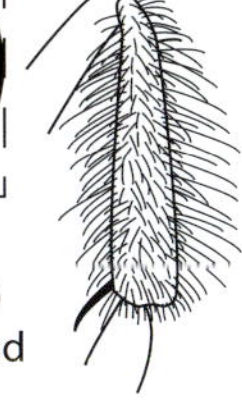

Wirte: *B. pascuorum*, *B. humilis* (*B. pomorum*, *B. pratorum*)
D, A, CH [Tiefland bis Bergwaldstufe. Lockere Baum- und Gehölzbestände]

Bombus* (*Psithyrus*) *campestris

Artenliste E15 – Hinterleib: T4 bis T6 orange. Brust mit zwei gelben Binden

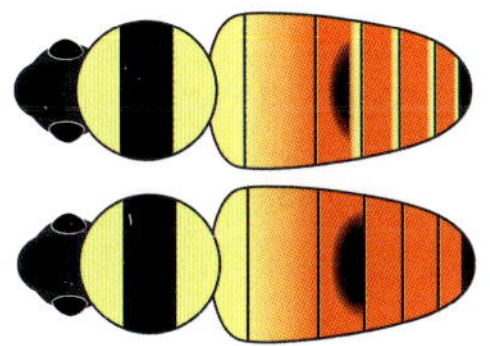

Hinterleib ab T2 oder T3 orange, oft mit schwarzen Haaren gemischt. Manchmal sind die Hinterränder der Terga hell behaart.
D, A, CH; selten [Tiefland bis Bergwaldstufe. Lockere Baum- und Gehölzbestände]

Bombus pomorum

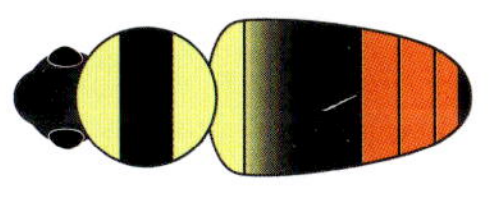

Hinterleib ab T4 orange. Gelbe Behaarung der Brust und von T1 kann stark verdunkelt sein.
D, A, CH [Tiefland bis Alpinstufe. Offenland bis lockere Baum- und Gehölzbestände]

Bombus ruderarius

Artenliste E16 – Hinterleib: T4 bis T6 orange. Brust ohne deutliche helle Binden. Schienen der Hinterbeine außen gebogen, dicht behaart

Die folgenden beiden Arten sind im Gebirge nicht sicher unterscheidbar!

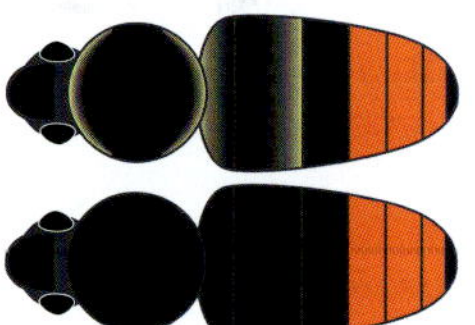

Die letzten 8 Antennenglieder sind ca. 1,5 mal so lang wie breit.
Wirte: *B. lapidarius*, *B. sichelii* (*B. sylvarum*, *B. pascuorum*)
D, A, CH [Tiefland bis Alpinstufe. Lockere Baum- und Gehölzbestände]

Felsen-Kuckuckshummel – *Bombus* (*Psithyrus*) *rupestris*

Die letzten 8 Antennenglieder sind fast 2 mal so lang wie breit. Eine hellere Form mit weißlich aufgehelltem T3 + T4 und einer gelben Brustbinde tritt sehr selten in Norddeutschland auf.
Wirt: *B. soroeensis*
D, A, CH [Bergwaldstufe bis Krummholzstufe. Lockere Baum- und Gehölzbestände]

Bombus* (*Psithyrus*) *quadricolor

Artenliste E17 – Hinterleib gelb behaart, nur T7 mit schwarzen Haaren. Kein Kieferbart

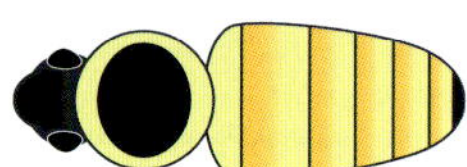

T1 strohgelb behaart – ab T2 dunkelgelb, wobei die Hinterränder aufgehellt sind. Behaarung mittellang.
D, A, CH [Krummholzstufe bis Alpinstufe. Hochgebirge]

Bombus mesomelas

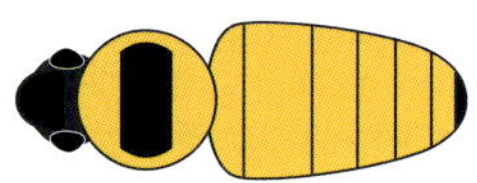

T1 bis T6 gelb behaart. Behaarung kurz und regelmäßig.
A (Osten); ausgestorben [Tiefland. Offenland (trocken)]

Bombus armeniacus

Artenliste E18 – Hinterleib: T4 bis T6 orange. Brust mit einer gelben Binde

Orange Behaarung des Hinterleibs ab Mitte von T4.
Augen normal groß, seitliche Punktaugen mindestens doppelten Punktaugendurchmesser vom Augeninnenrand entfernt (Abb.).
D (nach Norden immer seltener), A und CH (häufig) [Hügelstufe bis Alpinstufe. Offenland bis lockere Baum- und Gehölzbestände]

Distelhummel – *Bombus soroeensis*

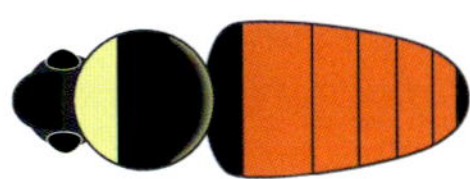

Orange Behaarung des Hinterleibs ab T2.
Augen normal groß, seitliche Punktaugen mindestens doppelten Punktaugendurchmesser vom Augeninnenrand entfernt (Abb.).
D (ausgestorben) A, CH [Alpinstufe bis Schneestufe. Hochgebirge]

Bombus alpinus

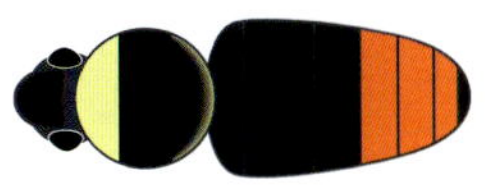

Orange Behaarung des Hinterleibs ab Beginn von T4.
Augen auffällig groß, seitliche Punktaugen nur einfachen Punktaugendurchmesser vom Augeninnenrand entfernt (Abb.).
D, A, CH; selten [Tiefland bis Bergwaldstufe. Offenland]

Bombus confusus

Artenliste E19 – Hinterleib: T4 bis T6 weiß behaart, T2 mit deutlicher gelber Binde. Schienen der Hinterbeine außen eher flach, mit haarloser glänzender Fläche

Die folgenden beiden Arten sind im Freiland nicht sicher unterscheidbar!

Abstand der Punktaugen voneinander entspricht dem halben Durchmesser des mittleren Punktauges.
D, A, CH [Tiefland bis Bergwaldstufe. Weites Lebensraumspektrum]

Dunkle Erdhummel – *Bombus terrestris*

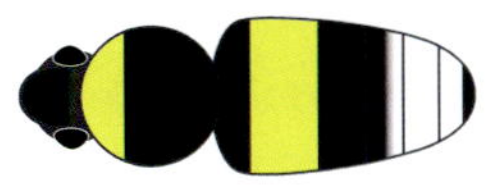

Abstand der Punktaugen voneinander entspricht drei Vierteln vom Durchmesser des mittleren Punktauges.
D, A, CH [Tiefland bis Alpinstufe. Offenland bis lockere Baum- und Gehölzbestände]

Bombus cryptarum

Literatur

Cameron S.A., Hines H.M. & P.H. Williams (2007): A comprehensive phylogeny of the bumble bees (*Bombus*). — Biol. J. Linn. Soc. **91**: 161-188.

Gokcezade J.F., Gereben-Krenn B.-A., Neumayer J. & H.W. Krenn (2010): Feldbestimmungsschlüssel für die Hummeln Österreichs, Deutschlands und der Schweiz (Hymenoptera, Apidae). — Linzer biol. Beitr. **42**: 5-42.

Gusenleitner F., Schwarz M., & K. Mazzucco (2012): Apidae (Insecta: Hymenoptera). Checklisten der Fauna Österreich, No. 6. — Biosystematics and Ecology **29**: 9-129.

Heinrich B. (2001): Der Hummelstaat: Überlebensstrategien einer uralten Tierart. — 1. Aufl. Ullstein Taschenbuchverlag, München, 1-318.

Jozan Z.S. (1995): Adatok a tervezett Duna. Drava Nemzeti Park fullánkos hrtyásszárnyú (Hymenoptera Aculeata). — Dunántúli Dolgozatok Természettudomanyi Sorozat **8**: 99-115.

Lecocq T., Lhomme P., Michez D., Dellicour S., Valterová I. & P. Rasmont (2011): Molecular and chemical characters to evaluate species status of two cuckoo bumblebees: *Bombus barbutellus* and *Bombus maxillosus* (Hymenoptera, Apidae, Bombini). — Systematic Entomology **36**: 453-469.

Løken A. (1984): Scandinavian species of the genus *Psithyrus* Lepeletier (Hymenoptera: Apidae). — Entomol. scand. Suppl. **23**: 1-45.

Müller A. (2006): A scientific note on *Bombus inexspectatus* (Tkalců 1963): evidence for a social parasitic mode of life. — Apidologie **37**: 408-409.

Pape T. (1983): Observations on nests of *Bombus polaris* Curtis usurped by *B. hyperboreus* Schönherr in Greenland. — Entomol. Medd. **50**: 145-150.

Streinzer M. (2010): Erstnachweis von *Bombus semenoviellus* Skorikov, 1910 (Hymenoptera, Apidae) für Österreich. — Entomofauna **31**: 265-268.

van der Smissen J. & P. Rasmont (2000): *Bombus semenoviellus* Skorikov 1910, eine für Westeuropa neue Hummelart (Hymenoptera: *Bombus, Cullumanobombus*). — Bembix **13**: 21-24.

von Hagen E. & A. Aichhorn (2014): Hummeln: bestimmen, ansiedeln, vermehren, schützen. — 6. Aufl. Fauna Verlag, Nottuln, 1-360

Williams P.H. (1998): An annotated checklist of bumble bees with an analysis of patterns of description (Hymenoptera: Apidae, Bombini). — Bull. Nat. Hist. Mus. Entomol. **67**: 79-152.

Williams P.H., Cameron S.A., Hines H.M., Cederberg B. & P. Rasmont (2008): A simplified subgeneric classification of the bumblebees (genus *Bombus*). — Apidologie **39**: 46-74.

Anhang 1: Angaben zu Verbreitung, Höhenstufen und Lebensräumen

Angaben zu Verbreitung, Höhenstufen und Lebensräumen beziehen sich auf Deutschland, Österreich und die Schweiz.

Verbreitung
D … Deutschland
A … Österreich
CH … Schweiz
Eventuell sind genauere Spezifizierungen wie A (Osten), CH (Süden), D (Norden), etc. angegeben.

Höhenstufen
Tiefland (Planarstufe): 0–200 m
Hügelstufe (Kollinstufe): 200–400 m
Buchenwaldstufe (Submontanstufe): 400–800 m
Bergwaldstufe (Montanstufe): 800–(1800) 2000 m
Krummholzstufe (Subalpinstufe): (1800) 2000–2300 m
Alpinstufe: 2300–2800 m
Schneestufe (Nivalstufe): über 2800 m

Lebensräume
Folgende Kategorien zur Beschreibung der Lebensräume werden verwendet:

- Wälder: verschiedene Waldgesellschaften
- Lockere Baum- und Gehölzbestände: Waldränder, Schlagfluren, Säume, Hecken oder Gebüsche, Parkanlagen, Gärten
- Offenland: baumfreie Lebensräume unterhalb der Waldgrenze, wie Wiesen, Heiden, Weiden, Grünland
- Hochgebirge: Lebensräume über der Baumgrenze, wie Zwergstrauchheiden, alpine Rasen, Polsterpflanzengesellschaften oder Schuttfluren
- Weites Lebensraumspektrum: Hummelarten, die geringe Ansprüche an die verschiedenen Umweltfaktoren stellen und folglich unterschiedlichste Lebensräume besiedeln und ebenso in verschiedenen Höhenstufen vorkommen.

Bei den Angaben zu den Lebensräumen können in den Listen Ergänzungen angeführt sein.

Anhang 2: Verwendete Abkürzungen und Glossar

Clypeus = Kopfschild; Teil der Kopfkapsel zwischen Stirn und Oberlippe
Corbicula (–ae) = Körbchen; Struktur an der Außenseite der Tibia der Hinterbeine, dient dem Pollentransport; bestehend aus langen Haaren und der glatten haarlosen Fläche, die diese umstehen
Cuticula = Kutikula; hier äußerer harter Teil der Körperdecke bei Insekten
distal = von der Körpermitte entfernter gelegen (siehe proximal)
dorsal = auf der Ober- bzw. Rückenseite gelegen
„Gesicht" = Vorderansicht des gesamten Kopfes
Interalarband = schwarzes Band, etwa in der Mitte der Brust
Kieferbart = nur bei Männchen, Haarsaum an der Unterseite des Oberkiefers
Mandibel = Oberkiefer
Mesosoma = Brust; Körperabschnitt, der hinter dem Kopf liegt und Beine und Flügel trägt; üblicherweise wird der mittlere Körperabschnitt bei Insekten als Brust (Thorax) bezeichnet. Bei Hummeln, wie bei den anderen Taillenwespen, sind die drei Brustsegmente mit dem ersten Hinterleibssegment verwachsen, weshalb die Verwendung des Begriffs Thorax streng genommen nicht korrekt ist.
Metasoma = Hinterleib; hinterer Körperabschnitt ohne dessen erstes Segment (siehe Mesosoma); auch als Gaster bezeichnet
Metatarsus = distal der Schiene liegender Beinabschnitt; im Vergleich zu vielen anderen Insekten auffällig vergrößert; Mittelmetatarsus: Metatarsus des Mittelbeines
Ocellus (–i) = Punkt- oder Einzelauge, bei Bienen drei Ocelli
proximal = näher zur Körpermitte hin gelegen (siehe distal)
T = Tergum
Tegula (–ae) = Flügelschuppe; bedeckt dorsal die Flügelgelenke
Tergum (–a) = Rückenplatten; Hartteile des dorsalen Skeletts
Tibia (–ae) = Schiene, Beinabschnitt; Hintertibia: Tibia des Hinterbeines
Scapus = Antennenschaft; erstes, verlängertes Antennenglied
Sternum (–a) = Bauchplatten; Hartteile des ventralen Skeletts
St = Sternum
ventral = auf der Unter- beziehungsweise Bauchseite gelegen

Register der wissenschaftlichen und deutschen Artnamen